阅 读 成 就 思 想……

Read to Achieve

U0386455

打动人心的演讲

HOW TO

如何设计 TED 水准的 演讲 PPT

[美] 阿卡什·卡利亚（Akash P. Karia）著　朝夕 译

DESIGN TED-WORTHY PRESENTATION SLIDES

Presentation Design Principles
from the Best TED Talks

中国人民大学出版社
·北京·

　　我把这本书推荐给所有要制作演讲 PPT 的人。这是一本清楚明了、具有启发性的书。通过阅读这本书，我的 PPT 设计风格变得更加成熟，质量也更好了——而且我已经是一名有着 30 多年丰富经验的专业演讲家。现在，我在 PPT 上花费的时间更多了，因为做出来的 PPT 越有趣，观众就越喜欢。

贝凯·L. 詹姆斯（Becki L. James）

　　这本书提供了制作有效的、有趣的、吸引人的 PPT 的基本工具，内容又好又实用，值得一读！我强烈建议所有想要提高沟通技巧的专业演讲者把这本书作为必读书。

罗莎琳达·斯卡利亚（Rosalinda Scalia）

我承认自己很少看书。但是，这本书比我读过的其他关于 PPT 设计的书都要好，我必须给个五星好评。

大卫·施温德（David Schwind）

这本书简要概述了如何创建优秀的演讲 PPT。我经常在各个高校、福布斯 500 强公司、东海岸沿线城市开展关于创建优秀 PPT 的研讨会。阿卡什在这本书中写出了所有的 PPT 制作技巧。这本书是任何想要创建有影响力的 PPT 的人的必读书。

戴维·毕晓普（David Bishop）

这本薄薄的书中分享的经验有利于帮助你发表更好的公共演讲。阿卡什分享的见解如同信息河流中闪闪发光的金子！

艾伦·葡萄牙（Alan Portugal）

这本书正是我这种非专业设计者需要的。它能让你快速了解设计幻灯片时需要考虑的所有问题。

艾瑞克·莱特梅尔（Erik J. Zettelmayer）

本书非常适合想要吸引观众的演讲者。我把书中的许多观点合并起来，创造出了一个更有效的产品演示 PPT。

汤姆·蒂普斯（Tom Tipps）

借助 PPT 可以创造更大的影响力。当阅读这本书时，我在脑海里回顾了我以前使用 PPT 进行的演讲。现在，我更改了其中一些 PPT，使其可以对观众产生更大的影响。作者的建议很容易实施，也很有意义。

约翰·爱德曼（John C. Erdman）

我们可以从阿卡什那里得到最好的建议，远超预期。

贝厄姆·巴拉姆波尔（Payam Bahrampoor）

这本书不仅提供了实用的建议，还说明了如何使用这些建议，并且列举了一些可视化案例，告诉我们要做什么，不要做什么，并且解释了原因。无论多么可怕的事情，都可被制作成充满创造力和热情的 PPT，呈现在屏幕上。

潘多拉培训与咨询（Pandora Training and Consulting）

你几乎可以逆向设计任何优秀的设计。将你最喜欢的演讲 PPT、信息图表、网站拆分，弄清楚它是如何做成的，最后将其重新组合，你就设计出了新的演讲 PPT。

杰西·德雅尔丹（Jesse Desjardins）

我使用了一些有版权的资料，目的是评论这些资料并教导大众学习其中的精华之处。

我还借鉴了 TED 演讲中的一些 PPT。因为网上没有合适的 PPT，当 TED 视频中出现合适的 PPT 时，我会将其截取下来。我承认 TED 是 TED 会议有限公司的注册商标。

免责声明：尽管我是 TED 演讲的忠实观众，但请注意，我和 TED 没有任何关系。这本书表达了我对 PPT 演示以及 TED 演讲的感情。同时，我希望更多的人可以通过这本书接触到 TED 演讲。

　　为了制作样本 PPT，我存储了许多有知识共享许可协议的图片。我尽量给书中所用作品的设计者以及演示者提供应得的报酬，但是万一我没有给或者忘记了给哪位作者合适的报酬，请到我的网站联系我。

How to Design TED-Worthy

Presentation Slides 关于 PPT 的见解

　　我在这本书中提到的是使用 PPT 软件来制作演讲 PPT。但是，即使你使用的软件是 Keynote 或者 Prezi，本书所包含的演讲 PPT 设计原理对你来说也完全适用。

　　使用什么样的演示软件并不重要，只要你遵循本书所包含的已被证实的演示原则，下次演讲时，你同样可以制作出精美的演讲 PPT。

How to Design TED-Worthy
Presentation Slides

目录

PART 2

你的演讲

PART 3

引言

让你的演讲 PPT 充满生命力

案例：

※ 尤金·成（Eugene Cheng）；

※ 肯·罗宾逊爵士（Sir Ken Robinson）；

※ 丹尼尔·平克（Daniel Pink）；

※ TEDx 演讲指南。

你是否听过企业演讲？许多企业花费上百万美元推广自己的品牌，制作精美的企业 logo，并打造花哨的企业网站来吸引客户，但是轮到制作演讲 PPT 时，情况就不同了。它们做的大多数演讲 PPT 都让人感到尴尬，这难道不是很讽刺吗？它们的演讲 PPT 枯燥乏味，一点吸引力都没有。

我来给大家举个例子。最近，我受邀去一家著名的企业帮助其员工提高演讲水平。在踏入公司办公室的那一刻，首先映入眼帘的是整个办公室的精美设计，从访客休息室舒适的红色沙发到丝绒地毯，再到墙壁上悬挂的漂亮油画，无一不让我感到震撼。显然，这家公司投入了大量资金来确保给任何一个踏入办公室的人都留下深刻的印象。

然而，当见到前来参加讲座的人，看到他们设计的演讲 PPT（关于数百万美元的交易）时，我感到颇为震惊。这些演示幻灯片的背景混合了多种颜色，看上去非常不美观，上面还布满了大段文字。难道这样的演讲能说服我和他们公司合作吗？绝对不可能！

我认为，这些演讲 PPT 中有 90% 以上都让人难以忍受。现在，我已经把帮助人们不再做糟糕的演示者当作我一生的工作。我曾到世界各地开办讲座，教人们如何成为一位更好的演讲者，也曾和许多首席执行官们以及高管们交流过。通过交流，我发现他们有钱大力投资广告和商标设计，却很少甚至没有预算来培训员工如何成为更有趣的演讲者。

图片来源：尤金·成。

如果观众每天被迫面对单调乏味、文字冗杂和填满数据的演讲 PPT，其结果必然是弊大于利。

你是否面对过这样的演讲 PPT？

你是否制作过这样的演讲 PPT？

在一场 TED 演讲中，每个演讲者最多有 18 分钟的时间与全世界分享他们的信息。其中一些演讲者选择不做 PPT。例如，肯·罗宾逊爵士发表过一场有关教育的演讲，在这场演讲中，他没有使用任何 PPT，但演讲效果很好，非常鼓舞人心。他觉得自己的演讲不需要任何视觉素材的帮助，所以在演讲时他不是把幻灯片当作拐杖来使用（大多数演讲者都会这样做），而是压根没有使用 PPT。

不过，一般演讲者选择借助 PPT 旨在帮助观众理解他们所传达的信息。更重要的是他们欲借助幻灯片增强观众对其信息的理解。

在 TED 演讲舞台上，演讲效果好的演讲者是在利用幻灯片帮助观众而不是自己，他们不会把幻灯片当作拐杖来依靠，也不会把幻灯片当作放大的提示器来帮助他们记住演讲内容。

例如，下面是丹尼尔·平克的 TED 演讲《惊人的动机科学》（*The Surprising Science of Motivation*）中的一张幻灯片，丹尼尔利用这张幻灯片的视觉效果帮助观众理解名为"蜡烛问

题"的实验。注意，这张幻灯片的主要目标是帮助观众，而不
是他自己。

以下是本书陈述的第一个关键点。当你设计幻灯片时，问
一下自己：

我设计这个幻灯片的目的是帮助观众还是我自己？

如果幻灯片对观众没有帮助，那就不要把它添加到你的
PPT 中。效果好的 PPT 总是针对观众，而不是演讲者本人。这
个观点听起来简单、显而易见，但效果也不能过分夸大。

网上免费提供的 TEDx 演讲者指南说：

幻灯片对观众有帮助，这一点毋庸置疑，但也绝不是每场演讲都需要幻灯片或者每场演讲都与幻灯片相关，不能一概而论。问问你自己："我的幻灯片是向观众们阐明了信息，还是分散了他们的注意力，使他们感到困惑？"

如果你的幻灯片有助于为观众阐明信息，那么就将幻灯片加入你的演讲中。相反，如果你只是把幻灯片当作拐杖来使用，那么就不要用幻灯片了。

因为 TED 演讲是如此重要，所以一些演讲者会花重金聘请著名的演讲 PPT 设计公司为他们设计幻灯片。或许，你没有足够的预算聘请设计公司帮你打造出好的视觉效果。又或者你不想聘请其他人来为你设计幻灯片，而是更喜欢亲力亲为。无论是以上哪种情况，这本指南都将会成为一门速成课，教你学会如何制作效果好、视觉上吸引人的幻灯片，让观众集中注意力听你演讲。

为什么你可能不想买这本书

虽然这本书算不上是一本完整的演讲 PPT 设计入门指南，但是它确实包含了演讲 PPT 设计的精华。我把这本书进行了精简处理，因为我知道每个人都很忙，所以不想让你把时间浪费在没有价值的东西上。你会在这本书中发现一些有吸引力的演讲幻灯片，这些幻灯片来源于精彩的 TED 演讲，其设计原则具有可行性。你可以使用这些原则让自己的演讲 PPT 更加生动有趣。

即使这本书不是一本完整的演讲 PPT 设计入门指南，但只要将本书中包含的原则付诸实践，你的演讲 PPT 便会超越 90% 的演讲者；换言之，你的演讲 PPT 会成为排名前 10% 的演讲 PPT。

这足够让你发表极好的演讲了，但是如果你想要得到许多更详细的方法，例如，如何使用 Photoshop 编辑幻灯片中要使用的图片，那么我会给你推荐一些其他资源，你可以从中得到想要的信息。

不过，本书包含的原则会满足大多数演讲者的需求。如果你一直在寻找非常高级的演讲 PPT 设计技巧，例如，如何使用 Adobe Photoshop 和 Illustrator 使你的图片更有吸引力，或许你应该到别的地方去找找看。这本书并不是要教你如何使用软件的，只是简要概述了设计出效果良好的演讲 PPT 的基本原则。

为什么你应该重视演讲 PPT 设计

此刻，你可能会问自己："为什么我需要花时间让我的 PPT 看起来很漂亮呢？如果观众理解我的信息，谁会在乎我的 PPT 是不是太糟糕？"

如今，只在屏幕上展现要点是不够的。列出六个要点，每个要点用六个字表达，这个建议已经过时了。这样只会设计出无聊的 PPT。

不幸的是，观众是根据 PPT 的质量来评价你和你的演讲的。如果你的 PPT 品质高，设计精美，观众就会满怀热情地聆听你的演讲。但是，如果你的 PPT 设计糟糕，他们就会想："如果他没有花时间设计 PPT，那么他可能也没有花太多时来间准备他的演讲。"

换言之，设计差的 PPT 会让观众觉得你是在敷衍他们。一旦他们对你产生了消极的看法，就很难对你以及你的信息感兴趣了。

那么，如果 PPT 设计糟糕，有没有可能做出一场精彩的演讲？

是的，有可能。

但前提是你必须是一位卓越的演说家，这样才会克服你的 PPT 造成的消极影响。相比之下，学会如何制作效果好且有吸引力的 PPT 更容易。

本书的主要内容

本书分为三部分。第一部分简单地讲述了关于演讲信息方面的内容，因为无论演讲 PPT 设计得多么精美，演讲信息也要具有吸引力，演示才会有吸引力。

第二部分是本书的精华，你会从中发现普遍适用的演讲 PPT 设计原则，可以利用这些原则去制作效果好的 PPT 来吸引观众，帮助你和观众交流 PPT 中的信息，而不是分散观众的注意力。

第三部分着眼于一些关键原则，这些原则是以动态有趣的方式来演示 PPT。再次强调一下，关于这一部分的内容，本书并没有做出详细的介绍，因为这并不是我写作本书的目的。但是，如果你对在 TED 演讲中讲什么内容以及如何来演讲这两方面感兴趣，我会建议你去阅读我的第一本书《如何发表一场精彩的 TED 演讲》(*How to deliver a Ted Talk*)。

为幻灯片锦上添花

本书的目的不仅是帮助你制作吸引人的 PPT，还包括帮助你制作效果良好的 PPT，以便促进观众对你所展示信息的理解。设计 PPT 不是指使 PPT 看起来很漂亮，而是指去除 PPT 中杂乱的内容，使演讲内容简单化，增强信息的有效性。

当然，如果这些都能做到，你就会做出一个视觉上更有吸引力的 PPT。无论你是否会发表 TED 演讲或者商务演讲，你都要掌握简单的演示设计原则，让 PPT 可以帮助你，而不是成为你的绊脚石。

如果你遵循本书中的原理，我保证你会制作出充满活力的 PPT，使用它们时绝不会牢牢吸引住观众的注意力。

让我们开始吧！

How to Design

TED-Worthy

Presentation Slides

第 1 部分

你的信息

如何避免最常见的错误

帮你超越 90% 的演讲者的技巧

第 1 章

如何避免最常见的错误

案例：

※ 尼克·摩根（Nick Morgan）；

※ 贝基·布兰顿（Becky Blanton）；

※ 西蒙·斯涅克（Simon Sinek）；

※ 奇亚拉·奥杰达（Chiara Ojeda）。

大多数演示者在意识到需要发表一场讲演时，会立刻打开 PowerPoint 或者 Keynote，然后开始把他们要演讲的信息全部添加到幻灯片上，这是他们最常犯的错误之一。这往往会导致他们的演讲 PPT 填满大段文字，枯燥乏味，死气沉沉，缺乏感染力。

相反，我建议首先找到你的核心信息。核心信息指的是你想要观众从你的演示中得到的最重要的观点。你想要观众记住的观点是什么？

尼克·摩根指导过许多 TEDx 演讲者，他在自己的一篇题为《如何发表一场 20 分钟的 TED 级演讲》（*How to Deliver a 20-Minute TED-Like Talk*）的博客中写道：

首先，选择一个大多数人会感兴趣的观点，但要能发挥你的专业技能。然后，缩小观点的范围，专注于它……

贝基·布兰顿曾在 TEDGlobal 2009 发表过演讲，她在为网站"六分钟（Six Minutes）"撰写的一篇文章中强调了核心信息的重要性。在题为《如何发表关于生活的演讲》《*How to Deliver the Talk of Your Life*》中，她写道：

> 传达一个明确的观点。花时间研究你想要表达的每一个观点，然后从中挑选出最令人信服的那个观点。

让我们来看一下 TED 演讲中的一些关于核心信息的例子：

你可以在网上找一找西蒙·斯涅克的 TED 演讲。

西蒙演讲的核心信息是什么？

你找到了吗？

显而易见。

西蒙的核心信息是"从为什么开始"的。短短几个字足以概括他的整篇演讲。当然，他在演讲中也提到了其他几个重要的观点，但是最核心的信息还是"从为什么开始"。剩下的观点都是为了支持这个核心信息。

西蒙在演讲中没有使用任何幻灯片，但我最喜欢的演讲PPT设计者之一奇亚拉·奥杰达围绕这场演讲制作了PPT。正如下方奇亚拉的一张幻灯片所示，这场演讲的核心信息是"从为什么开始"的。

你应该用不到 10 个字写出你的核心信息。如果你对自己的核心信息都不是非常清楚，那观众更不可能清楚。问一下自己：

如果观众会忘记我演讲过的其他所有内容，那么我最想要他们记住的一个信息是什么？

丹尼尔·平克的 TED 演讲的核心信息是："动机并不是用一块可口的胡萝卜诱惑人们或者用一根尖锐的棍子威胁他们。我们需要一种全新的方法。"丹尼尔在演讲中列举的所有例子、引用的研究，以及讲述的故事都是用来支持他的核心信息的。

演讲 PPT 的核心信息至关重要，因为它帮助你决定保留什么内容，摒弃什么内容。或许你想在自己的演示中加一个很棒的故事，或者一个例子，又或者一些数据。

你应该把它加进去还是应该摒弃它？

如果它支持你的核心信息，就把它保留下来。

如果不支持，就摒弃它。

或许这个内容很棒，但它和演讲 PPT 不匹配。

最终，你的演讲 PPT 会显得清楚明白。

小贴士

» 避免把所有的信息都添加到 PPT 中。
» 只传达一个关键信息。
» 用一句少于 10 个字的话表达你的核心信息。

第 2 章

帮你超越 90% 的演讲者的技巧

案例：

※ TEDx 演讲者指南；

※ 西蒙·斯涅克；

※ 艾米·库迪（Amy Cuddy）。

2008 年，我去中国香港地区参加了一家世界五百强公司的宣讲会。和我同在一个房间听宣讲会的还有另外 20 个人。就是这次宣讲会上我得到了与这家公司合作的机会。

那天，演讲者以下面这种方式开始了她的演示：

> 我们公司始建于 1769 年，最初只有一位员工，后来发展成为拥有 20 名员工的业务团队。之后，被 XYZ 公司兼并，公司的业务范围扩展到了 26 个国家。目前，我们已经拥有了 20 000 多名员工，年营业额超过了 × 百万美元……

演讲者呈现在屏幕上的幻灯片是一个纵向时间轴，展现了公司从 1769 年到 2008 年间的发展历程。在接下来的 20 分钟内，她重复讲述了公司的整个发展历史，概述了公司曾经取得的所有成就。我感到无聊至极，尽力忍住不打哈欠，但是我发现房间里其他几个人并不像我这么礼貌，至少有三个人已经坐在椅子上睡着了。

我在参加公司的演示时，经常会遇到这个问题。演示者不停地讲，听众只能听到"我、我、我"。他们的演示太"以自我为中心"了，他们真的应该"以你为焦点"。演讲应该是针对观众的，而不是针对演讲者及其公司的。如果你一直在讲你自己和你的公司，那你就大错特错了。

答案很简单：让你的演示以"你"为焦点。这是 TEDx 演讲者指南中包含的一个指导方法：

不要过多地关注自己。

具体地说，这个原则是指你应该使用更多和你有关的词，如"你""你的""你是"，而不是和我相关的词，如"我""我的"。谈论观众，而不是你自己！例如，思考一下西蒙·斯涅克精彩的 TED 演讲中以你为焦点的开场白——"从为什么开始"。

注意以你为焦点的开场白是如何迅速抓住观众的注意力的：

当事情没有按照我们的预期发展，你会如何解释？或者当其他人可能实现一些似乎推翻了所有假设的事情时，你会如何解释？例如，为什么苹果公司如此具有创新性？每年，苹果公司的产品比它所有竞争对手的产品都更新颖。

让我们来思考一下西蒙的演讲中另外一个以你为焦点的部分：

人们不会问你做了什么，而是会问你为什么做它。如果你讲述你真正相信的事情，就会吸引那些同样相信的人。但是为什么吸引那些相信你所相信的事情人很重要？这是因为所谓的创新扩散法则。即使你不了解这个法则，你也一定听说过这个术语。

> 我们的人口中前 2.5% 是创新者，中间 13.5%
> 是早期用户，其余 34% 是你的早期大众用户、
> 后期大众用户和使用落后者。这些人购买按键式
> 电话唯一的原因是再也买不到旋转拨号电话了。

你注意到西蒙在他的演讲中用了多少个以你为焦点的词吗？他不断地把自己的演讲与观众联系起来。演讲的焦点是观众，而不是他自己。

为了深入探讨这个观点，让我们看看另外一位发表过一场以你为焦点的演示的 TED 演讲者——艾米·库迪。让我们看一下她的 TED 演讲《你的肢体语言塑造了你的形象》（*Your Body Language Shapes Who You Are*）的开场白：

> 我想请你们现在稍微观察一下自己的身体，
> 看看你们正在用身体做什么。你们当中有多少
> 人正在尽量缩小自己？

你可能弯腰驼背，跷着二郎腿，也可能包裹着脚踝。有时候，我们这样抱着双臂。有时候，我们伸开双臂（笑声）。我看到你了（笑声）。所以，我想要你们注意一下你自己现在正在做什么。

几分钟后我们又会回到那种状态，我想如果你学着稍微调整一下这种姿势，你的生活方式可能会明显地改变。

我不会详细地讲述更多有关演示的内容，因为这些内容已经在《如何发表一场精彩的 TED 演讲》一书中深入地讲解过了；总之，我看过的所有优秀的 TED 演讲者发表的演讲都是以"你"为焦点的。他们通过不断地使用以你为焦点的问题和观点把演讲 PPT 和观众再次联系起来。

为什么？

因为演示最终是关于观众而不是演讲者的。如果你理解了这个简单的技巧，并且将它运用到你的演讲 PPT 中，你就会超越 90% 的演讲者。

小贴士

» 以我为焦点的演示会使观众感到无聊。

» 关注观众而不是你自己。

» 使用以你为焦点的话语让观众感到演示与他们相关。

How to Design

TED–Worthy

Presentation Slides

第 2 部分

你的演讲 PPT

第 3 章

制作有价值的演讲 PPT 的第一步

案例：

※ 卡尔·雷诺兹（Carr Reynolds）；

※ 南希·杜阿尔特（Nancy Duarte）；

※ 微软办公软件。

你有没有见过堆满文字的 PPT？

你有没有见过填满句子，并且句子没有语法错误的 PPT？

演示者所做的就是照着 PPT 把那些句子大声朗读出来？

演示新手常常掉进这样的陷阱——把所有内容都堆在一张 PPT 上。他们落入这个陷阱的原因是，他们把观点转存到 PPT 上而不是纸张上。当一听到"你必须做个演讲 PPT"这样的话时，他们便自动打开了 PowerPoint 或者 Keynote，并把所有的观点都写到 PPT 上。

有时候，他们从 Word 文档中复制整段话，然后粘贴到 PPT 中。结果，制作成了一个糟糕的"PPT 文档"（这个词是由演讲 PPT 高手卡尔·雷诺兹发明的）—— Word 文档和 PowerPoint 的交叉产物，既不是 Word 文档，也不是 PPT。

因此，制作效果好的 PPT 的第一条法则是：把你的观点在白纸上写出来。拿出一张白纸和一支笔（记住那些非技术性工具），记下你所有的观点和要点。这是你的演讲 PPT 中头脑风暴的部分。

记录下脑海中出现的所有观点。

不要回想任何事情。

不要判断自己的观点。

把它们简单地写下来。

资料来源：dumbledad。

南希·杜阿尔特是一名 PPT 演示大师，著有畅销书《幻灯哲学》(*Slide: ology*)。她曾发表过一篇博文，标题为《先进行头脑风暴，再打开 PPT》(*Use A Brainstorm Before You Open PowerPoint*)。南希的演示设计公司为阿尔·戈尔的演讲 PPT 以及故事片《难以忽视的真相》（*An Inconvenient Truth*）操刀制作了PPT。她在自己的博客中谈到了头脑风暴的益处：

无论它是不是在我的日程中，安排正式的头脑风暴或者"快速风暴"（与你最聪明的同事们自发地全力以赴地开一场20 ~ 30分钟的临时会议），收集先前的观点会大有益处。

甚至微软办公软件网站也鼓励人们进行头脑风暴：

头脑风暴是生成观点、创造性地解决问题的一种有效的方法。

接下来，从头脑风暴中挑选出最好的观点。只选出两个关键点——这两个关键点对你的核心信息来说是最基本的。这些观点是你应该在演讲 PPT 中主要阐述的观点，别的都可以忽视。

小贴士

» 不要制作 PPT 文档！
» 先做头脑风暴。
» 只选择两个关键点来支持你的核心信息。

第4章

如何快速将演讲内容故事板化

案例：

※ 南希·杜阿尔特；

※ 史蒂夫·法恩斯沃思（Steve Farnsworth）；

※ 尤金·成；

※《哈佛商业评论》（*Harvard Business Review*）；

※ 尼洛弗尔·麦钱特（Nilofer Merchant）。

一旦找到演讲的核心信息，就将想法写到纸上，然后从中选出两个你想详细阐述的观点，并将其组合得更富有逻辑，简单易懂，循序渐进，接下来你就可以将自己的演讲故事板化了。

请注意，我们是如何在没有打开 PowerPoint 或者 Keynote 的情况下就进入演讲 PPT 制作过程呢？我们所做的一切用的都是貌似过时但非常有用的方法，在开始设计正式的幻灯片之前，使用笔和纸，将观点和演讲内容写到纸张上。

在纸上完成上述事情有个优点，即我们不会受某种软件，例如 PowerPoint 或者 Keynote 已有的顺序格式的限制。南希·杜阿尔特做过一场 TED 演讲，演讲题目为《优秀 TED 演讲的秘密结构》(*The Secret Structure of Great TED Talks*)。她还因为写过关于 TED 的博客而受到过采访，当被问到"制作演讲 PPT 最好的方法是什么"时，她回答说：

我建议，制作演讲 PPT 时最好先不要使用 PowerPoint。因为演示工具强迫你直线式地思考信息，你开始时真的需要进行全面思考，而不是片面思考。我鼓励人们使用 3×5 的卡片或者便利贴——每张卡片上记录一个观点。我会先把卡片粘到墙上，然后再研究它们。接下来，我将这些卡片反复排列，直到感觉排列结构合理为止。

除了我，成千上万个演讲专家也都发现，由于某些原因，在纸上草拟的观点似乎比在电脑上敲打出来的更加流畅。我认为，其中一个原因可能是草拟观点涉及我们的右脑——在纸上草拟观点这一动作激发了我们的创造力，使我们产生了更多可供选择的观点。

总之，只要你组织好自己想要在 PPT 中阐明的观点后，就可以将 PPT 制作成故事板。什么是故事板？其实就是 PPT 的视觉提纲。

故事板最初是在电影中使用的，不过后来被应用到了市场营销、广告推广以及 PPT 设计领域。为什么故事板会被运用到 PPT 设计中？因为故事板会避免演讲者自己强加一些限制，比如必须使用标题和项目符号。

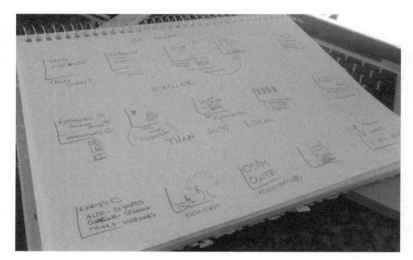

图片来源：麦克·桑索纳（Mike Sansone）。

通常，PowerPoint之类的演示软件会促使演讲者使用单一的、标准化的模板，从而限制了PPT的创造性。最好使自己摆脱抑制创造性的软件的限制，远离电脑，并用铅笔、钢笔和白纸列出PPT故事板。

列出故事板的最好方法

列出故事板的最好方法是拿出一沓便利贴。一张便利贴代

表一个 PPT 中的一张幻灯片。接下来，迅速在幻灯片上构造出观点的视觉效果。

史蒂夫·法恩斯沃思是福布斯排名前 50 的社会媒体影响家之一以及 TEDxSanJoseCA 的顾问，他在一篇题为《如何让你的演示堪比一场 TED 演讲》（*How to Make Your Presentation Wow Like a TED Talk*）中写道：

> 如果你必须使用 PPT，那就让 PPT 简单点。PPT 中最好只有一张清晰的视觉呈现图或者一张图片。必要的话，每张幻灯片上添加一两个字。

针对你的故事板，在 PPT 上绘制出观点的视觉呈现方式。视觉呈现方式可以是表格、段落、图片等，这些素材可以用到你的 PPT 中。

那么，为什么你无论如何都应该费些心思使你的 PPT 故事板化？

尤金·成是新加坡一名专业的演讲 PPT 设计专家，他在自己的博客中写到了故事板化的优点，并提到故事板化最主要的优点是让你知道要节省时间，因为你知道接下来自己要讲什么内容：

大部分人一开始就直接制作 PPT，而不仔细思考他们要演讲的内容是什么或是关于什么的。结果，他们被 PPT 工具提供的特征弄晕了，无法判断，只好猜测自己的下一张幻灯片大概是什么。很多时候，这不仅浪费了大量的时间，而且最终制作 PPT 的用时还超过了规定的时间。更糟糕的是，观众们没看到本该可以呈现出的最好的演讲 PPT。

对此，你可能会说："我相信故事板的优点，但是我不知道如何绘制故事板！"

这个不是问题。

你绘制的应该是大致的轮廓，而不是完美的作品。我们追求的不是一种完美的艺术品，而是一种简单的构思，你可以将自己的观点从大脑转移到纸上。

你没有必要像艺术家一样创造故事板，只粘贴数据也可以。你只需要大概解释一下你想要在 PPT 上展示的内容。

尽可能避免使用文字，尽量通过视觉方式呈现你的观点，因为相比之下，视觉呈现更有趣、更有吸引力并且更令人难忘。

就像《哈佛商业评论》所说，使用便利贴故事板是很好的方法，因为"狭小的空间会迫使你使用简单的文字和清晰的图片"。允许每张幻灯片表达一种观点：不需要填满幻灯片。这个起草过程会帮助你弄清自己想要演讲的内容以及你想要如何去讲这些内容。

使用便利贴来设置故事板还有另外一个优点，即你可以把笔记粘贴到墙面上以检查幻灯片的连贯性和流畅度。你可以变换幻灯片的顺序，检查是否换一种排列方式效果会更好。你可以使用不同的幻灯片和排列结构来做实验，直到你找到一种可以使你的演讲达到最好效果的排列结构。

尼洛弗尔·麦钱特和世界著名的摇滚明星波诺等演说家都曾为 TED 舞台增光添彩，她在自己的文章《来自一位 TED2013 演讲者的秘密：为"一生的演讲"做准备》(*Secrets from a TED2013 Speaker: Preparing for the "Talk of One's Life"*) 中写道：

> 许多人开始先用 PPT 勾画出他们的演讲。如果你知道演讲的高层故事结构，故事之间应该怎样衔接……就更好了，没有人会真的告诉你关键点是：先把一切概念化，再打个草稿或者制作 PPT。

故事板会帮你把演讲概念化。在故事板练习的最后，你会绘制出 PPT 的播放顺序以及预计的视觉效果。这一步完成之后，剩下的 PPT 设计过程就简单多了。现在，你已经大概知道 PPT 最终版的样子了。

最后就是把视图放在正确的位置，使用合适的字体，以便设计出正式的 PPT。

小贴士

» PPT 设计软件限制了你的创造力。

» 利用故事板设计出你的演讲。

» 通过视觉方式呈现观点。

第 5 章

让人厌倦的华丽 PPT

案例：

※ 比尔·盖茨；

※ 克雷格·瓦伦丁（Craig Valentine）；

※ 卡迈恩·加洛（Carmine Gallo）；

※ 艾米·库迪。

当把你的关键点从纸上转移到 PPT 上时，记住你应该限制 PPT 上文字的数量。

这意味着你应该只使用关键字。如果你的幻灯片包含完整的句子，你无疑走上了错误的道路。

资料来源：尤金·成。

文本冗杂的 PPT 存在以下这些问题。

- 使观众很快就感到视觉疲劳，昏昏欲睡。
- 制造了逐字阅读的诱惑。如果你的 PPT 包含完整的句子，即使是专业的演讲者也很难抵住逐字阅读文本的诱惑。正如专业演说家克雷格·瓦伦丁所说："如果你表达的内容和 PPT 里表达的内容完全相同，那么其中一个就不需要存在了。"

- 观众无法集中注意力听你演讲。如果你的 PPT 中有大量的文字，观众的注意力就会被分散。他们应该听你演讲还是应该阅读 PPT 中的文字？当你忙于解释第一个要点时，他们的目光已经跳到了第三个要点上。如果你把他们需要了解的一切都写到幻灯片上，他们就会知道你要讲的内容，所以也就不

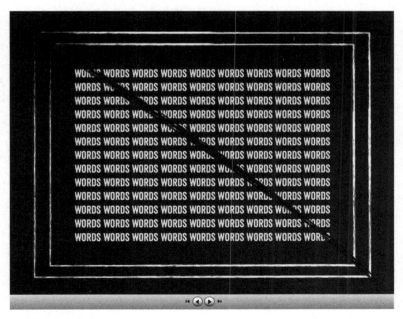

资料来源：尤金·成。

再需要听你演示了。TEDx 演讲者指南指出："尽可能少用文字。如果观众阅读文字内容，就不会去听演讲。"

- 很无聊并且缺乏感染力。让我们面对事实：文本冗杂的 PPT 内容全面但极其枯燥，没有感染力。

确保你的 PPT 只包含关键字，如果屏幕文字太多，观众就会产生视觉疲劳并且容易被催眠。屏幕上的重点不应该是解释观点，而是呈现这个观点。

这些看起来似乎都是常识，但很多人却会忽视。为什么？其中一个原因是，许多演讲者把他们的 PPT 当作讲义来用。

然而，这不应该成为一个通行的做法。如果你的 PPT 还可以作为讲义用，那这就意味着你正在做错误的事情，意味着你在 PPT 中放了太多的文字。

不要懒惰：不要把你的 PPT 当作讲义用。努力为观众制作一套合适的讲义。

比尔·盖茨：华丽的幻灯片令人厌倦

在关于 Windows Live 的演讲中，比尔·盖茨使用了一些非常丑的、填满副标题的 PPT 来发行 Windows Live。

　　下面是从他的演讲 PPT 中摘取的一张示例幻灯片。

　　除了让观众注意力高度分散的背景色，屏幕上也放了太多的副标题和文字。这张幻灯片看起来就像是一个 10 岁的小孩制作出来的，设计中没有加入太多的想法，看起来很无聊，使得 Windows Live 看起来也很无聊。

　　看到这样一张幻灯片之后，你还想去买或者去使用

Windows Live 吗？

肯定不会。

幸运的是，比尔·盖茨很快认识到了 PPT 可以帮助一场演讲获得成功，也可以搞砸一场演讲。

卡迈恩·加洛是《乔布斯的魔力演讲》(*The Presentation Secrets of Steve Jobs*) 的作者，他在《商业周刊》(*BusinessWeek*) 网站上的一篇文章中写道：

> 2010 年的 TED 大会中的一位演讲者比尔·盖茨让我感到特别震惊。这位微软前任首席执行官从来没有制作过视觉简单且有冲击力的 PPT，但却经营着他联合创立的大型软件公司。不过，当盖茨成为帮助世界上的穷人的全球倡导者后，他的演讲 PPT 中照片多了，文字少了。

在 2010 年的 TED 演讲中，比尔·盖茨使用了视觉效果突出的 PPT 来传达他的信息。

看看下面这张比尔·盖茨 TED 演讲中的幻灯片。

注意，这张幻灯片一点也不像前面那张幻灯片那样混乱，上面几乎没有文字，也没有副标题。

它没有分散观众的注意力，而是使观众自由地将注意力集中到了比尔的演讲上。

我看到的每一位 TED 演讲者都遵循了简化 PPT 中的文字

的规则。下面是另外一张非常棒的幻灯片,这张幻灯片的是艾米·库迪在 TED 演讲中使用的,遵循了简化幻灯片上文字的规则。事实上,幻灯片上一个字也没有!

下一次,当你为自己的演讲(或者给其他任何演示或者演讲)设计 PPT 时,确保限制 PPT 中文字的数量。

小 贴 士

» 文字冗杂的 PPT 很无聊。
» 将 PPT 中的文字最少化。
» 有时候没有文字是最好的选择。

第6章

18 分钟，200 张幻灯片

案例：

※ 南希·杜阿尔特；

※ 拉里·莱西格（Larry Lessig）。

许多演讲者在他们的 PPT 中填满大量文字的另外一个原因是，他们觉得自己需要限制幻灯片总张数。这完全是无稽之谈。没有一条演示规则规定你必须把幻灯片数量限制在某个范围内！

你需要多少张幻灯片，就应该在你的 PPT 中放多少张幻灯片。不要因为一些莫须有的规则把许多观点填到一张幻灯片里。相反，每张幻灯片只包含一个主要观点。

无论你相信与否，你的观众都有一项艰巨的任务——他们必须吸收你演讲的所有内容，同时也要理解你的 PPT。如果你的 PPT 比较复杂，里边包含大量的文字和观点，那么观众就很难对你的 PPT 产生兴趣。

把你的演讲分割成一系列不同的幻灯片，每张幻灯片只解决一个想法或者一个观点。既不要展示一张杂乱的、复杂的幻灯片，也不要试图把所有信息都堆在同一张幻灯片里。

南希·杜阿尔特在她的博客中写道：

在一场现场演讲中，视图材料既存在于时间中，也存在于空间中。当演讲者围绕四个观点中的每一个观点编排故事时，观众无须盯着这四个观点。因此，我们将这个观点幻灯片转变成四张不同的幻灯片，让观众一次吸收一

个，并且（再次）强化演讲者的声音，使其成
为现场演讲中最重要的一部分。

那么，对于你应该使用多少张幻灯片你有明确的限制吗？

绝对没有。

拉里·莱西格：200 张幻灯片

拉里·莱西格教授在他的 TED 演讲《创造力是如何被规则
扼杀的》（*How Creativity is Being Strangled by the Law*）中使用了
200 张幻灯片。是的，你没有看错：18 分钟的 TED 演讲使用了
200 张幻灯片。让我们从拉里的演讲中摘取一句话来举例说明：

1906 年，一个名叫约翰·菲利普·索萨
（John Philip Sousa）的人来到美国的首都宣传他
的新技术，他把这项新技术称为"讲话机器"。

拉里发表这句话时使用了三张幻灯片！让我们来看看这三张幻灯片以及他是如何使用的。

1906 年，一个名叫约翰·菲利普·索萨的人……

来到了美国首都……

……宣传这项技术，这项技术被他称为"讲话机器"……

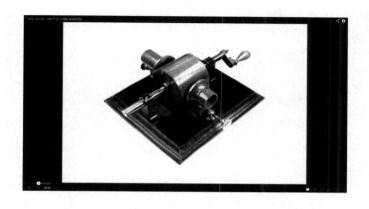

一句话使用了三张幻灯片！

然而，注意这三张幻灯片的使用效果非常好。通过展示一张约翰·菲利普·索萨的照片，拉里很快让观众熟悉了这个人，以便他们可以跟上接下来的故事。

展示"讲话机器"照片的这张幻灯片的效果也非常好，因为它避免了必须解释这项技术是什么样的。同样，这张照片也让观众无须通过详细解释就能跟上这个故事的节奏。

这恰恰证明了一个观点——只要幻灯片对观众有帮助，需要多少张幻灯片就使用多少张幻灯片。你的幻灯片绝不应该被当作拐杖使用，只能当作辅助工具帮助观众理解你的故事，使你的演讲效果更好。

为什么你要遵循"一个观点＝一张幻灯片"的规则？

- **消除杂乱**。遵循一个观点对应一张幻灯片的规则可以消除杂乱。你要有一张更清晰、更简单的幻灯片，这张幻灯片只解决一个观点，而不是把许多不同的想法和观点堆在一张幻灯片里。

- **使观众的注意力集中在你身上**。把很多观点放在一张幻灯片上的问题在于，观众阅读的速度比你演讲的速度快。因此，当你演讲的时候他们在浏览幻灯片，这意味着他们不会将注意力集中在你身上。

- **使观众保持好奇心**。假设你正在发表一场关于"大部分人从来没有实现他们梦想的五个原因"的演讲。如果你有一张幻灯片包含了这五个观点，你的观众会提前知道你要演讲的内容。因此，他们就不会产生好奇心。相反，要使观众对你的演讲内容感到好奇，一张幻灯片里就只处理一个观点。

- **给你留一些空间去添加大尺寸的、视觉上震撼的照片**。你的幻灯片中最多只有一行文字。这给了你足够的空间去插入一张大图片或者一个表格来强调你的观点。使用图片不仅可以帮助观众记住你的观点，同时也可以帮助你制作出一张令人赏心悦目的幻灯片。

总的来说，"一张幻灯片一个观点"的规则可以帮你制作出整洁的幻灯片，让观众充满好奇，吸引住观众的注意力，并且让你有空间添加具有视觉冲击力的图片。

小贴士

》 关注消除杂乱。

》 根据需要使用幻灯片。

》 一张幻灯片 = 一个观点。

第 7 章

赛斯·高汀的演讲公式

案例：

※ 约翰·梅迪纳
（John Medina）；

※ 赛斯·高汀；

※ 丹尼尔·平克；

※ 阿尔·戈尔；

※ 杰奎琳·诺沃格拉茨
（Jacqueline Novogratz）；

※ 埃米兰德（Emiland）；

※ 亚历克斯·里斯特

（Alex Rister）；

※ 达伦·罗斯
（Darren Rowse）；

※ 南希·杜阿尔特；

※ 布琳·布朗
（Brene Brown）；

※ 斯图尔特·法尔斯坦
（Stuart Firestein）。

如果你想为自己的演讲制作出吸引人的 PPT，最基本的是在你的文稿中使用大幅的、视觉上令人惊叹的图片。图片不仅能使你的 PPT 看起来更有吸引力，同时也能提高演讲文稿的可记忆性。

《让大脑自由》（*Brain Rules*）是由约翰·梅迪纳博士所著，内容非常精彩，这本书中呈现的研究表明，在演讲结束三天后，大多数人只记得他们听到的大约 10% 的内容。但是，如果你在演讲文稿中增加一张图片，记忆率会猛增到 65%。

赛斯·高汀的演讲公式

在赛斯·高汀的 TED 演讲《为什么部落会改变世界，而不是金钱或者工厂》（*Why Tribes, Not Money or Factories, Will Change the World*）中，幻灯片由大尺寸的彩色图片构成，并且这些图片上几乎没有文字。观众可以在几毫秒内看完图片，然后接着全神贯注地听赛斯演讲。下面是摘自赛斯演讲 PPT 中的一张幻灯片：

赛斯的 PPT 中的这张图片被当作赛斯所讲内容的视觉锚。

我所说的视觉锚指的是什么？

视觉锚指的是一张把你所阐释的观点和观众的记忆挂钩的图像，它通过视觉呈现的方式帮助观众记住观点。

当下一次做演讲 PPT 时，你可以考虑一下使用赛斯·高汀的演讲公式：用大尺寸图片填充你的幻灯片，尽量少用或者不用文字。用图像来作演讲内容的视觉锚。

使用图像让观众更容易理解

视觉教具可以带来"帮助"。它们能帮助观众理解话题。

你的图像应该帮助观众更好地理解你的话题。例如，如果你正在描述一个复杂的过程，那么使用一张表达整个过程的图片就是一个好办法，这个办法使观众更容易理解你所演讲的内容。事实上，无论你什么时候计划解释任何复杂的事情，借助一张图片来描述都是一个不错的选择。

例如，丹尼尔·平克在他的 TED 演讲《惊人的动机科学》中描述了一项做过的实验。当实验不是过于复杂的时候，不用图片去解释实验设置会花费很多时间，也会使人感到困惑。因此，丹尼尔用填充一张图片的幻灯片展示了这项实验的设置。

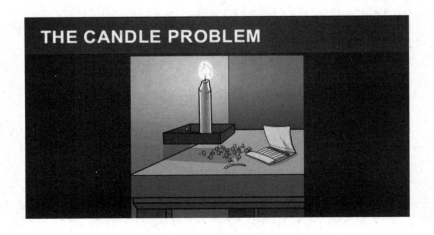

图像有助于理解信息，因为看到实验的设置，观众就会清楚这项实验是如何进行的。视觉图像与丹尼尔对视觉图像的解释相结合，使得实验设置对观众来说变得清晰可见：

这项实验被称为蜡烛问题。你们当中有些人之前可能已经见过这个实验了，它由一位名叫卡尔·邓克（Karl Duncker）的心理学家在1945 年设计，之后被广泛应用于行为科学实验中。这张图片展示了实验是如何进行的。假设我是一名实验者，带你走进一个房间，然后给你一支蜡烛、一些图钉和火柴，并且对你说："你的任务是把蜡烛粘贴到墙上使蜡烛不会掉落到桌子上。现在你会怎么做？"

当你必须描述一个过程、一项实验或者不同事物之间任意一种复杂关系时，试试你是否可以用一张简单的图片帮助观众更好地理解。

通过视觉方式呈现观点

你是否听过这样一句陈词滥调——"一图抵千字"？虽然是陈词滥调，但却是真理。通常，一张简单的图片比几段文字能更好地传达观点。

当你制作 PPT 时，问问自己："我想演讲的内容可以使用一张图片来展示吗？"如果可以的话，你就舍弃文本，改用图像。

选择能够引起观众情绪反应的图片

选择演讲 PPT 用的图片时，要选择能引起观众情绪反应的图像。最好的演讲 PPT 能够激起观众的情绪反应。使用有感染力的图像比较容易激起观众的情绪。

这里有一个最简单的例子。如果你要发表一场关于流浪人士的演说，就使用一位老妇人蜷缩着身子坐在树下，头顶一张硬纸板来保护自己免受雨淋的图片，而不是用一张一群无家可归的人站在收容所外边的图片。相比之下，那张无家可归的老妇人的照片比一群无家可归的人站在收容所外的照片更能激起观众强烈的情绪反应。

你怎么知道哪一张图片能够激起观众的情绪反应？这里有一个准则：选择能在你自己心里产生最大情绪反应的图像。如果这个图像能够激起你的情绪，那么也会激起观众的情绪。

我观看过阿尔·戈尔关于气候变化的演讲。他的纪录片对我产生了非常大的影响。他的演讲如此有力量，一个原因是他使用了一些能够引起观众强烈情绪反应的图片。

例如，讲到全球变暖的时候，他使用了北极熊被它脚下融化的冰渐渐淹没的照片。诸如此类能引起人们对北极熊命运担

图片来源：Flickr。

忧的图片，促使我去关心北极熊；同时，也让我开始关心全球
变暖的危机。这就是有情感的图片的力量。

不幸的是，阿尔·戈尔关于全球变暖的 TED 演讲并没有
那么令人印象深刻。

他的幻灯片由纯文本构成，他的话只在理性层面产生了影
响，并没有让观众在情感层面参与进来。

以下这张示例幻灯片，取自阿尔·戈尔的 TED 演讲《防
止气候危机》(*Averting the Climate Crisis*)。

当你试图说服人们去改变他们对某个观点的看法，从而改变他们的行为时，你必须先打动他们的情感。

人们往往基于情感来做决定，然后运用逻辑证明自己的行为是合理的。不要只做理性的争辩，也要用有影响力的图片激起观众的情绪。

使用你个人收集的图片

你从哪里能找到有视觉冲击力、能够激起观众情绪的图片？

你可以从图片库网站上购买照片。另外，你也可以从一些图片网站上搜索可共享的图片。如果你打算使用可共享的图片，确保给予图片作者适当的作品报酬。

TED 要求：

你必须为 TED 在全球视频以及网络发布中使用的图片获得正当授权（我们可能使用 TED

演讲中的图片，这些图片在全球范围内可免费发布）。不要从网站上获取图片。使用高分辨率的照片和图表。数码照相机拍出来的高清照片比从网站上获取的照片看上去效果更好。

还有一种选择是使用你自己拍的照片。如果你已经拍摄了一些漂亮的高清数码照片，并且这些照片与你要表达的观点相关，那么可以考虑在你的 PPT 中使用这些照片。

例如，杰奎琳·诺沃格拉茨在她关于摆脱贫穷的 TED 演讲中，展示了一张她曾在肯尼亚参观过的贫民窟的照片。这张照片使得她所描述的场景对观众来说更加真实，可以帮助他们更直观地了解肯尼亚的贫穷现状，因为他们能看到贫穷的证据。

无论你决定从哪里获得照片或者图片（无论是从照片库网站，还是从个人收藏中获得），都必须将下列几项重要的事情牢记于心：

- 使用高质量的照片；
- 不要从网上随机抓取照片，因为这样可能会引起版权纠纷；

- 永远不要拉伸小图片去适合幻灯片的尺寸,这样会导致照片
  质量变差,像素低。

图片来源:杰奎琳·诺沃格拉茨的 TED 演讲。

三秒钟原则

三秒钟原则讲的是观众应该在看到 PPT 后的三秒钟内就能
理解 PPT 的内容。因此,使用简单的图片清楚地呈现你的观点
吧。你的每张幻灯片都应该像一个广告牌一样——它应该包含

一张大幅图片，这张图片可以抓住观众的注意力，并且它应该很容易被观众迅速地理解。

图片来源：Slideshare。

72

亚历克斯·里斯特（创造沟通公司的创始人）认为：

　　你的 PPT 应该遵循三秒钟一览媒体广告
的规则。思考一下广告牌宣传。如果汽车驾
驶员不能在三秒内浏览完广告牌，他或者她：
（a）将不会理解广告或者按照广告说的去做；
（b）阅读信息的时间超过三秒，可能引发交通
事故。

　　把观众想象成那些驾驶员。如果他们需要花费三秒以上的
时间阅读一张幻灯片，你就是在破坏他们阅读你呈现的资料以
及根据这些资料采取行动的机会。

全出血图片

　　使用图片时，确保自己用的是全出血图片。让图片出血是
什么意思？简单来说就是让图片占据整张幻灯片。下面是一个

例子。

图片来源：Compfight。

相比之下，全出血图片比放置在幻灯片上的缩略图看起来更有吸引力，例如下图这张图片。

用视觉上令人惊叹的图片填充幻灯片还有最后一个优点，即它创造了每张幻灯片之间的多变性，使观众不会因为相同的、重复的背景而感到厌倦。

图片来源：Compfight。

三分法

遵循三分法的幻灯片图片是最有影响力的。什么是三分法？三分法指的是将一张幻灯片（在纵向和横向上）分成三部分，如下图所示。

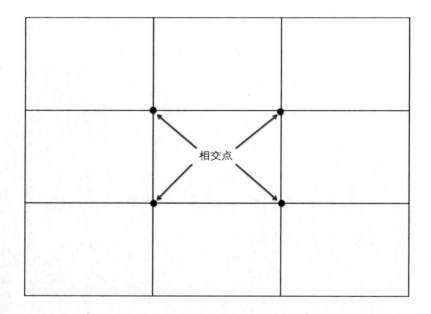

达伦·罗斯在自己的博客——数码摄影学院（Digital Photography School）上讲述了为什么三分法是有用的：

理论上如果你把兴趣点放置在交点位置或沿着使照片更平衡的线条放置，会使观众的视线与图片更自然地相交。研究表明，看图片时，人们的目光通常自然地落到其中一个交点处，而不是镜头的中心——使用三分法符合这种自然地看图片的方式，两者不会相互排斥。

下面列举了一张图片，这张图片使用三分法创造了视觉上的吸引力。

图片来源：尤金·成。

观察图片上的主题是如何沿着相交点放置的，这样放置比在幻灯片中心放置更有趣。而且，以这种方式放置图片可以让你在剩余的空间里添加文字。

那么，你怎么知道自己是否根据三分法放置图片了？幸运的是，PPT 有一个特色功能可以让你通过以下这些指示观察到幻灯片上的网格。

1. 选中主页选项卡中的绘图工具，点击设置，指向对齐，然后点击网格和绘图参考线。

   小贴士：你也可以右击幻灯片的空白处（不是占位符）或者幻灯片四周的边缘处，然后点击网格和绘图参考线。

2. 在参考设置下选择屏幕上显示的绘图参考线对应的复选框。

使用网格线会使你更容易根据三分法来对齐图片。这些网格线还会帮助你将幻灯片上的所有素材（图片、文本、数据）对齐，让你的幻灯片看起来干净整洁，结构合理，井然有序。

避免老套的图片

你使用的图片一定要是新的，能给人新鲜的感觉。我所说的新和新鲜是什么意思呢？有一些图片会因经常被使用而开始变得陈旧。

例如，有一张握手的图片经常被演讲者用来表示团队合作，虽然这张图片表达的意思很明确，但用多了就会显得很无聊！如果你的观众被迫盯着一张被过度使用的图片，他们就会走神，无法专心地听你演讲。相反，你要寻找足够新颖的、激动人心的视觉表达方式来展示你的观点。

南希·杜阿尔特在她的 TED 博客中对此做出了最好的诠释。我认为以下见解是我见过的关于选择非老套图片的最好的建议之一：

（对于视觉效果），我认为人们倾向于遵循最简单、最快速的观点。就像："我计划在地球仪前面放一张握手的图片表示合作关系！"不过，我们必须看多少张在地球仪前握手的图片才会意识到它完全是一张老套的照片？

另外一张同样老套的照片就是靶心的箭头。

对观众来说，PPT 本身应该是一种辅助记忆的工具，帮助他们记住你演讲的核心内容。对演讲者来说，PPT 不仅仅是一个提词器。靶心不会有助于任何人记住任何内容。

不要轻信头脑中出现的第一张图片。想一想你要阐明的观点，头脑风暴一下你想强调的个人时刻。想一想第二张、第三张、第四张图片……直到你想到第十张，那会让观众更加难忘。

正如南希所说，你使用的图片应该是令人激动的。例如，我居住在非洲。如果要求我讲一讲关于团队合作的话题，我可能会使用一群狮子在一起捕猎的照片，而且照片画质清晰，具有强烈的视觉冲击力。当然，我会坚持同一个主题都使用非洲野生动物的照片，以此保证所有的幻灯片在视觉上是统一的，并且主题一致。

因为我居住在非洲，我的很多观众也许去参观过野生动物园，这张图片可能对我的演讲很有帮助。但是，你必须找到另外一张对你有帮助的图片，我们要避免使用老套的图片。寻找一张新的令人激动的图片，通过视觉方式呈现你的观点。

利用留白的力量

一张幻灯片上的留白和在它上面放置的内容一样重要。优秀的设计者知道留白的作用。空白位置不只是可以填充一些东西。相反，它让每张幻灯片上的不同元素之间有了呼吸的空间，从而创造出了一种平衡感和自然感。

不幸的是，许多演讲者不看好空白位置的作用。他们会不遗余力地使用不同的元素，例如标志、图片、文本、段落以及图表，去填充他们的 PPT，结果导致 PPT 太过杂乱。杂乱的 PPT 很快会让观众产生视觉疲劳，甚至昏然入睡。

不要试图填满整张幻灯片，不要用大量的图片、文字、标志以及图表将你的 PPT 变得杂乱无章，而是要让你的 PPT 产生呼吸感。例如，下面这张取自布琳·布朗关于《弱点的力量》（*The Power of Vulnerability*）的 TED 演讲中的幻灯片。

注意这张幻灯片只包含一张简单的图片，图片中只有两个

字，剩下的地方是空白。这张简单的幻灯片看上去毫不杂乱，
在视觉上很有吸引力。

下面是另外一张布琳演讲中的幻灯片。这张幻灯片同样没
有任何多余的东西，简洁却又具有很强的吸引力。

最后，看一下这张取自斯图尔特·法尔斯坦的 TED 演讲中的幻灯片，其中包含了一张大图和许多留白。

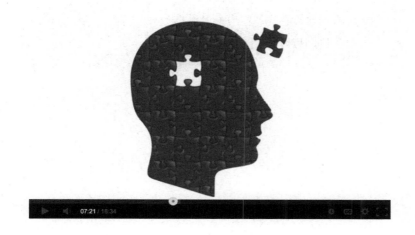

学会欣赏留白。问问自己："哪些元素可以从 PPT 中消除并且不会影响 PPT 表达的信息及其效果？一个 PPT 中哪些元素不是必不可少的？"

去掉所有不必要的元素——文字、标志、图表上的图例，在每张幻灯片上留出足够的空白，使幻灯片中的元素产生一种自然的平衡感。

小贴士

» 使用大尺寸、具有视觉冲击力的图片作为锚来帮观众记住你的观点，激发他们的情绪。
» 避免使用老套的图片。
» 使用三分法让你的幻灯片更有趣。
» 利用留白的力量。

第 8 章

你选用的字体合适吗

案例：

※ 欧洲核子研究中心
（CERN）；

※ 奇亚拉·奥赫达
（Chiara Ojeda）；

※ 塞巴斯蒂安·韦尼克
（Sebastian Wernicke）；

※ 摇滚幻灯片；

※ 尤金·成；

※ 雷切尔·博茨曼
（Rachel Botsman）；

※ 乔治·帕潘德里欧
（George Papandreou）；

※ 保罗·肯普罗宾逊
（Paul Kemp-Robertson）；

※ 比尔·盖茨；

※ 蒂姆·哈弗德
（Tim Harford）；

※ 道格拉斯·克鲁格
（Douglas Kruger）。

希格斯玻色粒子（又称"上帝粒子"）是我们那个时代最伟大的发现之一。欧洲核子研究中心的科学家使用 PPT 宣布了这一突破性粒子的发现。

虽然这项发现非常重要，但是宣布这项发现的 PPT 很可笑，因为演讲 PPT 选择的字体很糟糕，设计得也很糟糕，导致它没能传达出该粒子的突破性意义，激起了人们的嘲笑而非尊重。请看下面这张欧洲核子研究中心科学家所用的示例幻灯片。

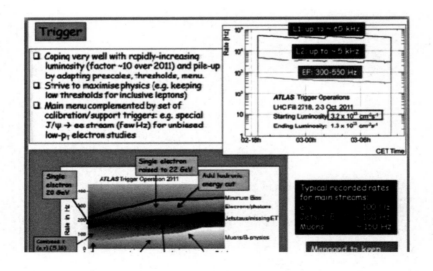

这则故事的重点是什么？你的演讲 PPT 是演讲不可分割的一部分，如果你不假思索地把一些幻灯片拼凑在一起而不注重

设计和字体选择，那么你的 PPT 可能最终会入选"演讲 PPT 耻辱大厅"。

我们赞成一个观点：你应该限制 PPT 中文字的数量，但是当你使用文字时，使用正确的字体很重要。或许你认为字体选择不重要，但实际上你选择的字体可能对演说结果产生巨大的影响。不同形状和尺寸的字体有着不同的特点，这些特点会不知不觉地影响观众的情绪。

选择一种和你的信息匹配的字体

你可能没有意识到一点，不同的字体会传达出不同的感觉。不同的字体具有不同的特点。一些字体适用于严肃的演讲，另外一些字体则适用于轻松的演讲。思考一下下面这张幻灯片中的字体。

图片来源：阿卡什·卡利亚。

上面这张幻灯片中的字体传达了一种怎样的感受？ 我想到了一些词：有力量、威风凛凛、权威的、有影响力的。

看看下面这张幻灯片里使用的另外一种字体。

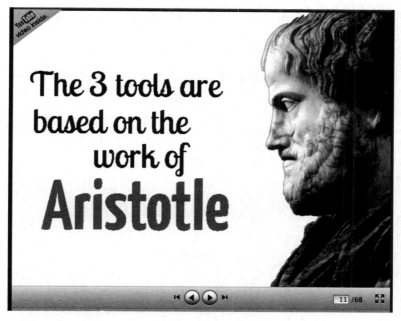

图片来源：阿卡什·卡利亚。

这种字体传达了什么样的感觉？一些词出现在了我的脑海里：优雅、整洁、精致。

因为不同的字体传达不同的感受，所以选择一种和你的信息匹配的字体很重要。你的字体必须与你的信息保持一致。你试图传达什么样的感受？尝试不同的字体，直至找到和你打算营造的氛围相匹配的那种字体。

例如，塞巴斯蒂安·韦尼克在他的 TED 演讲《谎言、该死的谎言和统计数字》（*Lies, Damned Lies and Statistics*）中和观众分享了他关于如何制作最佳 TED 演讲的数据分析。演讲很有趣并且很轻松。可见，他选择了能够传达这种氛围的字体。看下面这张摘自他的 TED 演讲中的幻灯片。

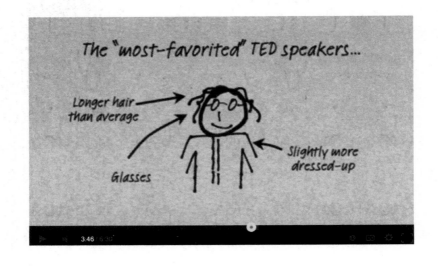

塞巴斯蒂安幻灯片中的字体与他试图营造的氛围完美匹配：手写字体给人留下了这样一种印象，即幻灯片是塞巴斯蒂安进行分析的笔记。同时，这样的字体让观众知道了这不是一个严肃的学术型分析，而是一个轻松有趣的分析。

字体显示了演讲 PPT 是关于什么内容的？幻灯片上的字体营造了什么样的氛围？

不要受电脑中已经安装好的字体的限制。把字体当作图表——它是演讲 PPT 的视觉素材，更像是一张图片，有助于营造演讲 PPT 的整体形象和感觉，因此确保选择的字体和演讲 PPT 的基调相匹配，同时给人一种美的享受。

你没有必要每次演讲时都选择 Times New Roman 字体。相反，可以上网查找。登录谷歌搜索术语"免费字体"，你会找到成百上千个提供免费字体的网站。

坚持用两种字体

网上有很多非常棒的字体，如果你刚好在网上发现了新字体，可能会禁不住尽可能多地使用不同的字体。但是，这不是

一个好主意。简洁和统一是优秀 PPT 的关键因素。因而，不要
使用太多字体。

　　坚持只用两种字体——一种为超大号文字，目的是突出字
体，吸引观众的注意力，另外一个为小号文字。例如，在幻灯
片标题中，你可以主标题使用一种字体，副标题使用另外一种
字体。

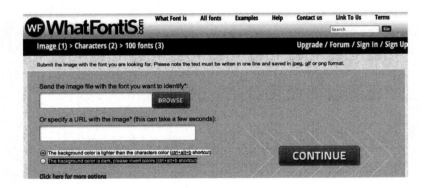

　　当把不同的字体搭配在一起时，确保你选择的字体有共同
的特点。将一种严肃专业的字体与另一种轻松可爱的字体混合
使用，会产生一种冲突感。这种冲突感会使观众对你的演讲
PPT 传达的信息感到困惑。当你的演讲 PPT 字体超过一种时，
确保这些字体在特点上相得益彰。

例如，在 Slideshare 上浏览时，Slide the Rock 演讲 PPT 设计公司设计的下面这张幻灯片让我颇受启发。

然后我找到了其中一个 PPT 中使用的字体组合：初级 Tungsten 字体和小二号 Reklame Script 字体。

你还可以从其他网站下载更多很棒的免费字体。

不要只着眼于电脑上那些无聊古板的字体，要有创意。浏览免费网站，寻找一些看上去不错的字体组合，确保这些组合能够正确传达演讲 PPT 的基调。

选择字体时需要注意一个重点：尽量使用包含大家族的字体。

字体家族是什么意思？

字体家族指的是有不同字体可供选择，如浓缩版、常规版、粗体、斜体等。确保你下载的字体有常规版、粗体版和斜体版三种版本可供选择。字体家族越大，在用同一种字体创造视觉层次结构时，你的选择就越多。

所以，记住关键的一点：不要简单地将字体视为把文字放到屏幕上的一种方式。相反，要把字体看作营造演讲 PPT 整体视觉效果的一种基本元素。

小贴士：把所有新字体嵌入幻灯片软件很重要，否则它们无法在其他电脑中正常播放。你也可以把 PPT 保存为 PDF 格式。

为坐在房间后面的人设计 PPT

设计演讲 PPT 时，要考虑到坐在房间后面的人。你用的字号应该足够大，以便座位离你最远的人也能够清楚地看到。如果观众必须很费力才能看到你写的内容，他们会选择放弃，这样你将会失去他们的关注。

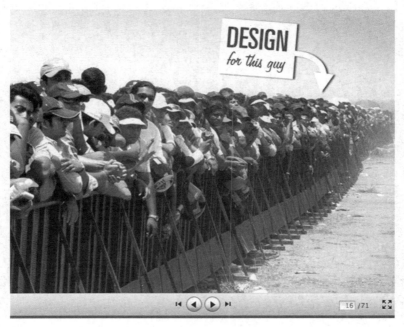

图片来源：尤金·成。

例如，看看下面这张幻灯片，摘取自蕾切尔·博茨曼题为《新经济的货币是信任》（*The Currency of The New Economy Is Trust*）的 TED 演讲。在这张幻灯片中，瑞秋展示了马克·佩格尔（Mark Pagel）的一句名言。看看上面的字体多么大，确保了房间最后面的人也能清晰地看到上面的名言。

把你的幻灯片当作广告牌。即使观众在开车，也应该能够看到幻灯片／广告牌上的内容。

图片来源：尤金·成。

通过变换字号创造兴奋感

在一张简单的幻灯片上使用不同的字号是一种最好的构建视觉层次效果的方法。假设你正在屏幕上展示一句引言，你可以将引言中最重要的关键字的字体设置成最大的，这样便会使这段引言产生影响力，并有助于观众快速地知道这张幻灯片的观点，因为你设计的这个元素很明显是最突出的。

例如，看看下面这张幻灯片，摘取自乔治·帕潘德里欧的
TED 演讲《想象一下没有民主的国界》（ *Imagine a Democracy*
without Borders ）。

正如乔治的幻灯片所示，字号能够用来显示两个不同观点
之间的相对力量、重要性以及关系。

下一张幻灯片摘取自保罗·肯普罗宾逊的 TED 演讲，注
意这张幻灯片是如何用字体大小来吸引观众关注幻灯片中最重
要的元素的。

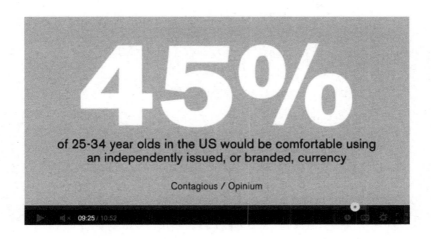

如果你注意广告牌和其他形式的广告，你会发现它们使用了相同的原则。

图片来源：托马斯·霍克（Thomas Hawk）。

变换字号可确保你的排版不会单调乏味，使版式显得富有趣味性和多变性，从而让你的文本看上去更吸引人。

> **小贴士**：像这本书中包含的所有原则一样，制作能够吸引人的演讲 PPT 的关键是平衡。不要过度使用本书中的任何技巧。通常，一张幻灯片中使用两种大小不同的字体就足够了。使用太多不同字号的字体可能最后会让你的观众感到困惑，使他们很难理解你的 PPT 想传达的信息。

注意对齐

对齐是一种重要的设计原则。当观众注视着你的 PPT 时，PPT 上的所有元素应该看上去像是经过深思熟虑后放置的。

下页第一张图是一张不错的幻灯片，摘取自比尔·盖茨的 TED 演讲 PPT，这张幻灯片上所有的图片和文本是对齐的并且相互关联。

下页第二张图显示了幻灯片上方的隐形线条是如何连接标题、幻灯片上的五张图片以及图片下方的图片说明的。图片中的虚线代表"隐形线条"。

　　对齐原则在优秀的广告中也能看到。让我们再看一看肯德基的广告，这次观察一下文本的对齐方式。注意文本是如何左对齐的，使得广告看上去有组织且很清晰。

图片来源：托马斯·霍克。

　　最后，让我们再看看保罗·肯普罗宾逊的幻灯片，上面的文字居中对齐，你可以在幻灯片的正中间竖着画一条虚线。

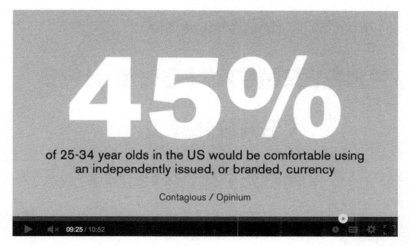

来源：保罗·肯普罗宾逊的 TED 演讲。

当为 TED 演讲制作 PPT 时，确保你注意到了这些虚线，以便每张幻灯片上的所有元素在视觉上相互关联。使用幻灯片上的网格确保幻灯片上的元素对齐。你应该可以画出虚线，看到所有元素之间的关系。

接近程度（间距）

当一张幻灯片上不同的元素放到一起时，它们应该彼此靠近。让我们看一个例子，这个例子没有考虑文本元素之间的间距和行距。

图片来源：阿卡什·卡利亚。

在上面这张幻灯片中，有两个主要的元素——引用以及引用的出处。文本之间的所有行距相等，使得每行文字看起来都像独立的元素。因此，观众需要花费一点时间理解幻灯片上的信息。

让我们改一下幻灯片，以便引用和引用的出处这两个不同的元素被清楚地区分开。可以通过改变行间距来实现这一点。而且，我们会改变字体大小，以便幻灯片最重要的元素清楚地显示出来，同时，不会着重强调次要元素。下面是幻灯片改变后的样子。

图片来源：阿卡什·卡利亚。

　　虽然这并不是一张很精彩的幻灯片，但是注意观察，它比之前那张好多了。引言和引言出处很明显是两种不同的元素，并且它们之间的间距也被调整了，阅读起来更容易。

　　让我们再看一下保罗·肯普罗宾逊的 TED 演讲幻灯片。这张幻灯片注意了间距的原则，清楚地将引用和引用的出处区分开了。

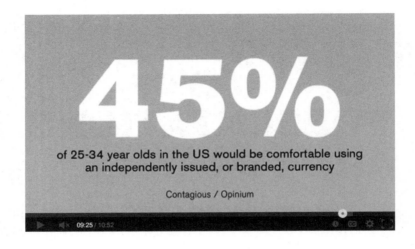

下面是摘自保罗演讲 PPT 的另外一个例子。

这可能是一个简单的案例，它证明了一个观点：行距和间距是两个非常重要的设计原则，你在制作 PPT 时应该将这两个原则牢记于心。

你可以通过格式 >> 段落 >> 行距选项框来调整每张幻灯片上的行距。

另外，你可以将每行文字写在单独的文本框里。之后，你可以手动将文本框移动到更近或者更远的位置。你可以自由决定行与行之间的距离，以便可以设计出想要的效果。

带旋转文本实验

最后一个为字体增添亮点的方法是用旋转文字。下面有一个摘取自乔治·帕潘德里欧的 TED 演讲中的一个关于旋转文字的案例。

在乔治的这张幻灯片中，他只做了一点小小的设计，将文字稍微顺时针旋转，打破了平衡，这足以说明民主、权力与财富三者之间的相对权重。

　　不过，你可以单单出于审美的目的旋转文字。下面这个例子是一本很棒的图书的封面，这张封面使用旋转文字来吸引读者的注意力。

图片来源：蒂姆·哈弗德。

　　下面是另外一个案例，这个案例选自为 DVD 培训课程制定的促销视频。这张 DVD 幻灯片是由我最喜爱的一位演讲家道格拉斯·克鲁格制作的。看看上面的文字是如何稍微转动后变得更有意思的。

　　稍微转动文字，使文字看起来更令人激动。人们关注不寻常的事情，而可以旋转的文本绝对是不同寻常的。考虑一下吧，需要的时候稍微旋转你的文本，让排版更令人激动。

　　再次强调，平衡是成功的关键。你可以使用这个技巧，但是不要疯狂地使用，要适度。如果幻灯片上有太多的旋转文本，会让观众感到头晕（我了解，因为当我第一次开始设计幻灯片时，我犯过这个错误）。

　　另外，如果每张幻灯片上的文本你都设成可旋转，这就成了可预测的了，人们是不会关注可预见的事情的。

小 贴 士

» 选择和你的信息相匹配的字体。

» 每个演讲 PPT 最多使用两种字体。

» 设计要考虑到坐在房间后面的人。

» 变化字体大小来激发激情。

» 尝试旋转文本。

» 注意对齐。

第9章

巧妙设计对比色

案例：

※ 潘卡基·格玛沃特（Pankaj Ghemawat）；

※ 加尔·雷诺兹（Garr Reynolds）；

※ 比尔·盖茨；

※ 丹·帕洛塔（Dan Pallato）；

※ 杰西·德雅尔丹（Jesse Desjardins）；

※ 蒂姆·莱布瑞特（Tim Leberecht）；

※ 沃尔夫冈·凯斯林（Wolfgang Kessling）。

我们已经谈论过字体了，那么背景呢？

应该使用什么样的背景？

研究过 200 个 TED 演讲之后，我发现最简单的背景才是最好的。使用简单的背景可使你的文字具有可读性。可以选择一种纯色的背景，因为这种纯色的背景会让你创建出干净清爽的 PPT。

一张整洁的幻灯片会让观众专注于文本，而不会被复杂的背景分散注意力。不过，你可以使用渐变色背景来使背景更有吸引力，但前提是这种颜色的渐变是微妙的，不会太分散注意力。

潘卡基·格玛沃特在 TED2012 的演讲 PPT 中用过一张幻灯片，他在这张幻灯片中使用了简单的黑色背景。看一下下一页的幻灯片。

潘卡基的这张幻灯片效果很好，因为他使用了纯黑色背景，能让观众专注于他呈现的统计结果。另外，幻灯片上的字体是白色的。白色字体和黑色背景形成了鲜明的对比，使得文本更容易阅读。

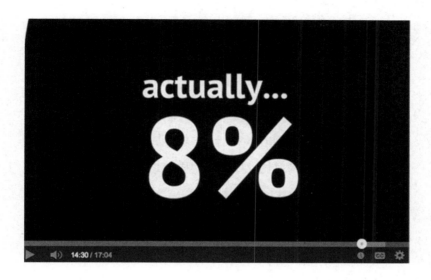

《演说之禅》(*Presentationzen*) 的作者加尔·雷诺兹说：

如果你在光线较暗的房间里演讲（例如大
厅），那么深色背景（深蓝色、灰色等）配白
色或者浅色文字效果会更好。但是，如果你计
划把大部分灯打开（强烈建议），那么白色背
景搭配黑色或者深色文字效果会更好。在光线
明亮的房间里，深色背景和浅色文字搭配的屏

> 幕图片效果会差，但是浅色背景搭配深色文字
> 的屏幕图片效果就好得多。

当制作 TED 演讲 PPT 时，一定要确保每张幻灯片的背景和文本之间存在鲜明的对比。如果你使用的是深色背景，那么就搭配浅色文字。如果你使用的是浅色背景，那么就搭配深色文字。

如何知道背景和文本之间有没有足够的对比？

答案很简单。

你不需要眯着双眼就可以从房间最后面的位置看到你要用的演讲幻灯片上的文字。

在任何状况下，无论你决定为背景和文本选用什么样的配色方案，确保其余的幻灯片也选用同一种配色，使幻灯片之间具有连续性。如果你不确定使用哪种配色方案，可登录一些配色网站寻找灵感。

你还可以利用网站 Kuler 制作出很棒的配色方案。你可以先将一张图片上传到 Kuler 网站上，然后网站会根据这张图片

使用的颜色生成一个配色方案。

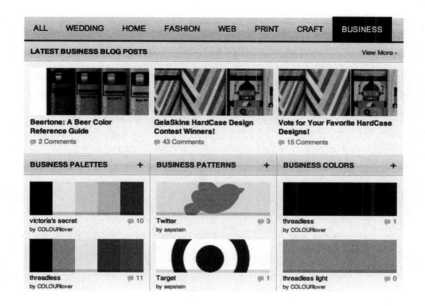

用一张图作背景

你不是必须使用朴素的背景。有时候适合使用一张图片作为背景，视觉上会引发人的激情。就像下面这张摘自比尔·盖茨关于"能源"的 TED 演讲 PPT《至零方休的创新》（*Innovating to Zero*）中的幻灯片，这张图片应该填充整张幻灯片（上面配有文字）。

  如果你决定使用一张图片作为背景，要确保这张图片的风格和文本风格一致。图片应该是对幻灯片信息的补充。

在图片非噪音区域添加文本

  如果你计划使用一张图片当作背景，就要记住图片通常包括嘈杂区域和非嘈杂区域，这一点很重要。图片的嘈杂区域是指图片中有很多内容的部分。换句话说，图片的嘈杂区有很多视觉元素和颜色。

如果你想保证文本和背景之间形成鲜明的对比，就要确保将文本添加到图片的非嘈杂区域。下面是我的一个演讲 PPT 中的一张幻灯片。

在这张图片里，你可以看到文本放在图片非嘈杂素材的上方。例如，"公众演讲"这个词放于图片最上方，因为图片的这个部分非常"安静"——没有太多内容。天空的蓝色（至少在这本书的彩色版中！）衬托出了这个词。

下面是另外一个例子，在这个例子中，文本被置于图片的非嘈杂区域。这张幻灯片取自丹·帕洛塔的 TED 演讲。

那么，你从哪里可以找到有足够安静位置的图片供你放置文本？

一个渠道是 iStockphoto 的 CopySpace。

下面的内容是关于如何下载具有足够呼吸空间的漂亮照片来放置文本的：

1. 登录 iStockphoto 网站；

2. 滑动鼠标，直到你的屏幕左手边出现了 CopySpace 的功能；

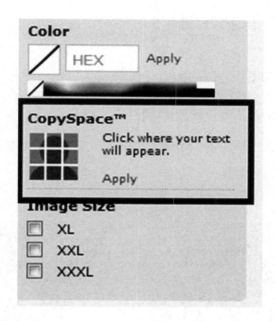

3. 点击图片中文本出现的区域（即你想要在照片中保持安静 /
留白的区域）；

4. 输入代表你要查找的内容的关键字。

点击搜索按钮之后，将会生成和你输入的关键字相匹配的
图片，图片中包含足够的安静空间让你添加文本。

设计 PPT 时，使用包含足够安静空间的图片，你可以在上面添加文本。图片的嘈杂区和非嘈杂区应该合理平衡分布，这样 PPT 看上去不会太杂乱。

为文本框添加颜色

如果图片中没有安静的位置供你放置文本，怎么办？无论你选择什么字体颜色，如果文本和背景之间对比不够明显，无法让字体清晰可见，怎么办？请看下面这张幻灯片。

上面幻灯片中的图片太复杂，致使文本和图片之间很难形成鲜明的对比。

要让对比更鲜明，可以用颜色填充文本框。例如，我们可以用深色背景填充文本框，并选择一个与深色背景相对的字体颜色，下面就是所述幻灯片的样子。

给文本框填充颜色之后，文本便具有了可读性。

要实现同样的效果，还可以选择在文字下方插入一个形状（例如，一个方块或者一个圆圈），并用颜色填充形状。

下面有一个例子展示了这种幻灯片的样子，摘自比尔·盖茨的 TED 演讲《教师需要真实的反馈》（*Teachers Need Real Feedback*）的 PPT。请注意，为了使文字醒目，文字后面的"发言框"是如何放置的。

下面是另外一个例子，取自杰西·德雅尔丹广受欢迎的演讲《你陷入了 PPT！》（*You Suck at PowerPoint*）的 PPT。

还可以选择用纯色填充文本框（或者形状），但要使文本框呈半透明状，如下图所示。

　　将文本框（或者形状）设置为半透明状。使用透明度滑块变换纯色文本框的透明度，直至达到你想要的效果。

　　在保证文本和背景之间对比鲜明的情况下，使文本框半透明化，允许背景图片仍然清晰可见，以使文本具有可读性。

　　下面这个例子是蒂姆·莱布瑞特的 TED 演讲 PPT 中的一张幻灯片，这张幻灯片使用了一个半透明的文本框，使文本变得易于阅读。

最后一个例子源自沃尔夫冈·凯斯林的 TED 演讲《如何调节室外的温度和湿度》（*How to Aircondtion Outdoor Spaces*）的 PPT。

在这张幻灯片中，文本框用白色填充（而不是黑色），并且被设置成了半透明状。

小贴士

» 确保背景和文本之间对比鲜明。

» 考虑用一张图片作为背景，并用文本填充图片非嘈杂
区域。

» 利用半透明文本框使文字在相对杂乱的背景下仍然
可读。

第 10 章

展示有趣的数据

案例：

※ 崔杰（Julian Treasure）；

※ 比尔·盖茨；

※ 盖伊·川崎（Nic Marks）；

※ Ethos3；

※ 尼克·马克斯。

视觉图像有助于清楚地展示信息，提高信息的记忆率。幻灯片非常有利于展示各种图表以及其他类型的数据。然而，大多数演讲者只是简单地把数据转存到幻灯片上，将很多图表随意插入幻灯片，而不去思考这样做的意义。

下面是一些用于设计图表的原则，实践表明效果很好。

让幻灯片开头字体又大又粗

如果你打算在屏幕上展示数据，那就要确保这些数据既醒目又有影响力。例如，想想崔杰是如何在他的 TED 演讲《为什么建筑师需要使用他们的耳朵》（*Why Architects Need to Use Their Ears*）中用一个统计数据填满了一张幻灯片。

粗体大字号的数据吸引了观众注意力，使他们专心地听崔杰详细地阐释了统计数据及其所表达的意思。

还有一个例子，摘自比尔·盖茨的 TED 演讲《教师需要真实的反馈》的 PPT。

同样，观察幻灯片上的主要数据字号的大小，确保从房间后面的位置也很容易看到。

将数据与图片结合

将图片与统计数据结合是使统计数据更有趣的一种有效的

方式。例如，如果你正在谈论全球变暖，而且想使用"20 年后，我们的冰川将会融化"这一统计数据，那么你可以把这个统计数据放在一张正在融化的冰川的图片上。

下面这个例子摘自比尔·盖茨有关能量的 TED 演讲，在这个例子中，比尔·盖茨将数字零（带有文本）放在了一张从太空中拍摄的地球的图片上。

在下面的内容中，你会看到比尔·盖茨 TED 演讲 PPT 中的一个例子。"肯塔基州的帕迪尤卡有足够的铀资源为美国供电两百年"，注意，这一统计数据因为放在一张展示了成千上万个铀桶的图片上而变得有趣多了。

将统计数据与图片相结合有以下几个优点：

- 使 PPT 在视觉上更有吸引力；
- 帮助观众理解统计数据的含义；
- 使得统计数据更令人难忘。

考虑使用一张视觉上令人惊叹的图片作幻灯片背景，在背景图上放置统计数据。你使用的图片会影响观众对统计数据的印象，所以确保你使用的图片表达出了你想要它表达的故事。

一个数据，一张幻灯片

看看下面这张幻灯片。它有趣吗？它吸引你的注意了吗？

它让你想要了解更多吗？

    我不了解你的感受如何，但是上面的幻灯片完全没有吸引我。

    现在，看看以下几页中出现的幻灯片，这些幻灯片呈现的数据和上面一张幻灯片中的相同，但前者在视觉上更有吸引力。这些幻灯片取自盖伊·川崎关于如何建立 Truemors.com 网站的演讲 PPT（由 Ethos3 公司设计）。

和前一张幻灯片中的表格相比，以下这几张幻灯片的效果
更好。

　　表格适合用来比较数据，但是如果你不需要把两个数据点进行比较，就要考虑在一张幻灯片上只展示一个数据。

利用图片把观众的目光转移到数据上

如果你打算用文字搭配图片，那么就使用能将观众视线转移到文字（或者数据）上的图片。

我们的目光首先会自然地被图片吸引，然后一直追随着图片，从图片焦点处落到终点处。

确保当观众视线到达图片末尾时，他们正好能看到一组数据或者文字。这样，就可以很自然地引导观众的目光。如下面这张幻灯片所示。

注意上面这张图片是如何把观众的目光从图片引导到数据上的。图片中的慢跑者朝着数据奔跑——观众的目光也就自然地移动到数据上。

使用合适的图表

确保你为正确的数据选用了正确的图表类型，这一点很重要。我不是要上一堂数学课，而是要确保你选择的图表类型最适合展示信息，这一点很重要。

例如，如果你要给 CEO 做演讲，并且想要比较每种产品带来多少收益，那么相比之下，选择饼状图比选择表格更好。

为什么？

因为饼状图会让观众很快弄清楚公司从每种产品中获得的收益占公司总收益的百分比，从表格中得出相同的信息花费的时间较长。

使用不同类型的图形和表格时有一些好方法，请牢牢记住。

饼状图

饼状图非常适合展示百分比。饼状图的片数应限制在六片以内，否则整个饼状图看上去就会太拥挤，导致观众很难理解信息。

有一张摘自比尔·盖茨关于《州预算正在如何毁掉美国的学校》(*How the State Budgets Are Breaking Schools*) 的 TED 演讲 PPT 中的饼状图，这张图很简单且效果很好。

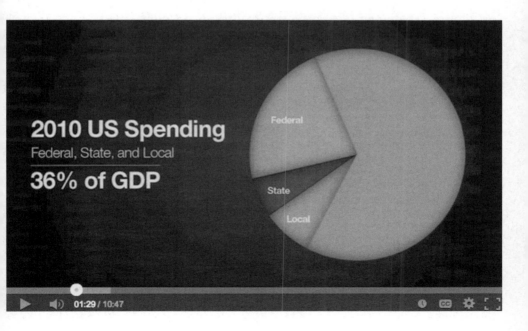

条形图

条形图非常适合展示时间变化引起的数量变化。

同样，最好通过限制条形图的条数（少于六条）来限制观众必须理解的数据量。

下面是一张清晰的条形图，摘自尼克·马克斯的 TED 演讲《全球幸福指数》（*The Happy Planet Index*）的 PPT。

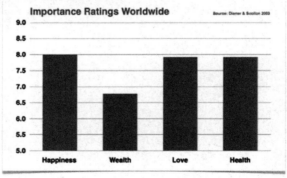

将其中一个竖条填充成和其余竖条不同的颜色，这个技巧很棒，你可以用这种方法来吸引观众对这个竖条的注意。这清楚地告诉了观众他们应该关注什么。

下面是一张从比尔·盖茨关于教育的 TED 演讲 PPT 中截取的幻灯片。

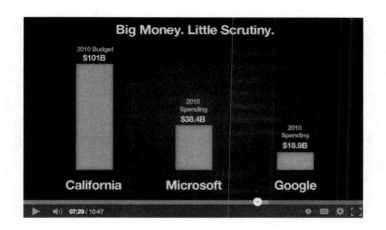

折线图

折线图主要用来展示随时间变化的趋势。

使用折线图时要注意：应确保从房间后边的位置能清晰地看到折线。

这就意味着，折线应该足够粗，以便从较远的位置也可以被看到，同时，折线应该设置在与之形成鲜明对比的纯色背景中。

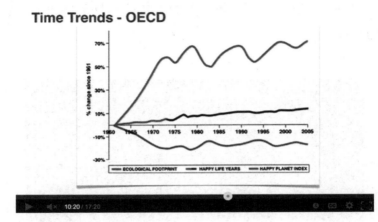

图片来源：尼克·马克斯。

有另外一个例子，同样摘自比尔·盖茨的 TED 演讲 PPT。

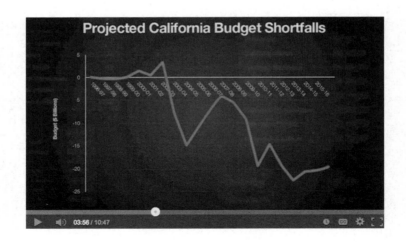

142

不过，还有许多展示数据的方法，但是饼状图、条形图和折线图是最常见的三种方法。

无论你选择用哪种图表展示你的数据，要确保你选择的类型最适合用来清楚地传达你的观点。而且，确保这个图表简单整洁，清晰可读，便于理解。

清楚地标注所有的内容

展示图表和数据时，确保清楚地标注好一切内容。标注的字体应该大，并且从房间后边看得见。如果观众必须眯着眼睛去理解你的图表，那么他们会放弃看图表并且会走神。

创建复杂的图表

根据 TEDx 演讲者指南的指导原则，无论内容是否复杂，你都应该"保持图形清晰可见。每个图表只表达一种观点"。

但是，有时候——不是经常，只是有时候——一个图表可能非常复杂，要求你表达多种观点。在这种情况下，你该怎么做？

如果你的图表包含太多的元素，最好一个一个地建立。例如，如果你有一个非常复杂的折线图，上边有几条不同的折线，你先展示第一条折线，对它进行解释，然后展示第二条折线，再解释，以此类推。这样，你就用一种符合逻辑、有条理的方式创建起了折线图，你的观众也就能轻松地理解它。

小贴士

» 使你的数据字号大且字体粗。
» 将数据与图片结合。
» 利用图片将观众视线转移到数据上。
» 清楚地标注出图表。
» 利用构造法使复杂的图表变得容易理解。

第 11 章

利用视频为演讲 PPT 增添趣味

案例：

※ 艾米·库迪。

研究表明，听完演讲 10 分钟后，观众的记忆力就会显著下降。这意味着在演讲 PPT 中对内容做些变化很重要。如果你演讲 10 分钟，中间不停歇，不妨试着让一些观众参与进来，这样可以提高观众的注意力。

或者，你可以通过播放视频来对内容做一些改变，让观众参与进来。艾米·库迪在她的关于肢体语言的演讲 PPT 中充分利用了嵌入式视频。

视频很有用，原因如下。

- **视频提供节奏的变化**。这种节奏上的变化会提高观众的注意力，当观众回过神来听你演讲时，他们的注意力会比观看视频之前提高很多。
- **视频帮你很快展示出原本需要花较长时间来描述的内容**。如果你计划描述一项复杂的实验或者设置，有时候，播放 30 秒的视频往往会比花费三分钟解释的效果更好。
- **视频比图片更有影响力**。图片效果不错，但是相比之下，视频更有影响力，因为视频包含所有的感觉，并将这些感觉与视频融为了一体。例如，看到"9·11"事件的图片时，我可以回忆起那是多么悲惨的一场灾难。但是，当看到时长 30 秒的飞机撞塔的视频时，我会感到震惊。

无论你是否决定使用视频来提供节奏上的变化或者激起观众的情绪，请牢记以下几个原则。

- **保持视频简短**。保持你的视频相对简短一些。对于只留给你18 分钟的 TED 演讲来说，最好让视频的长度不超过 30 秒。

记住，观众是在看你，而不是你的视频。因此，可以利用视频提出一个观点，但是视频要简短。

- **确保视频画质清晰**。你最不需要的东西是屏幕上播放的画面不清晰的视频。

- **将视频嵌入 PPT 中**。你曾经见过演讲者将 PPT 最小化以便他可以在桌面上搜寻正确的文件来播放吗？**不幸的是，我见过太多演讲者这样做了**。即使找到这个文件可能只需要花费演讲者几秒钟时间，但是它打断了演示的流畅度和连续性，使观众感觉演讲者似乎毫无准备，没有认真组织，进而会导致观众注意力转移，开始交头接耳。**解决这个问题的办法非常简单**，就是将视频文件插入到 PPT 中。

小贴士

» 保持视频简短。

» 使用画质清晰的视频。

» 将视频嵌入演讲 PPT 中。

第 12 章

如何使一切保持一致

案例：

※ 塞巴斯蒂安·韦尼克；

※ 杰西·德雅尔丹；

※ 尤金·成。

　　PPT 有统一的样式和风格，这一点很重要。PPT 中必须有某种统一的元素将所有的幻灯片连贯起来，以便 PPT 看上去不会像是一张张随意的、不连贯的配有文字的照片的集合。

你如何使幻灯片风格统一？

字体统一

确保 PPT 中的每张幻灯片使用相同的字体组合，这是第一个也是最明显的一个方法。无论你打算为你的第一张幻灯片使用什么样的字体组合，确保其余的幻灯片也坚持使用相同的字体组合。

例如，为了使每张幻灯片风格保持一致，塞巴斯蒂安·韦尼克就使用同一种字体贯穿了整个 PPT。

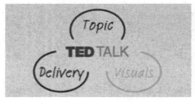 

图片风格一致

第二种方法是使用风格相似的图片。

例如，演讲 PPT 设计者杰西·德雅尔丹就利用风格相似的黑白照片集为他的演讲 PPT 创造了统一的主题。

你也可以利用图标和符号为你的演讲 PPT 创造统一的主题。

例如，尤金·成就利用图标使下面的几张幻灯片具有了统一性。

这几张照片全部用了纯黑色的底色、白色的图案和字。所用图片相同或风格类似，产生了一种前后的连贯性。

视觉元素统一

第三种方法是在你的幻灯片中设置一个视觉元素，这个元素在整个幻灯片中不断重复。例如，下面几张尤金·成的幻灯片就采用此类技巧。

这几张幻灯片都用到了相同的图形元素，各个元素排放的结构前后一致，产生了一种统一的感觉。

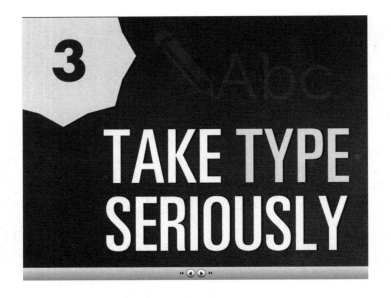

具体来说，以上三张幻灯片在视觉上一致的原因如下：

- 幻灯片的背景色相同；

- 幻灯片使用的字体相同；

- 幻灯片都用一半八角形在左上角编号，这种编号出现在整个
  幻灯片中。

当制作 PPT 时，要追求各张幻灯片之间的视觉统一。这有
助于形成更加和谐的 PPT 版面，使 PPT 可从一张幻灯片轻松
地滑动到下一张幻灯片。

小贴士

为了使 PPT 统一，创造每张幻灯片之间的连续性，确保：

» 字体统一；

» 图片风格统一；

» 视觉元素统一。

How to Design

TED—Worthy

Presentation Slides

第 3 部分

你的演讲

如何为你的演讲做准备

如何发表一场精彩的演讲

如何制作 TED 水准的 PPT

第 13 章

如何为你的演讲做准备

既然你已经为你的演讲准备好了 PPT，那么是时候开始为演讲做准备了。下面是一些可以帮你学会如何完美地使用幻灯片的建议。

借助 PPT 练习你的演讲

用 PPT 排练演讲很重要，因为这会让在你演讲过程中充满自信。练习如何解释每张幻灯片以及如何从一张幻灯片过渡到另一张幻灯片，有可能会碰到在用幻灯片演讲时可能出现的一些问题。

例如，在我作为专业演讲者的职业生涯中，有那么几次在将幻灯片做成故事板，准备好 PPT，进入演讲排练阶段，在排练过程中，我意识到某张幻灯片不起作用了——要么需要删掉，要么需要被移动到演讲的最后一部分。大声地练习你的演讲，以便你可以熟练地用幻灯片进行演讲。

以下是几条非常有用的排练策略：

- **大声练习**。找到一间空房间大声练习你的演讲，以便你一开口就能讲出脑海中想要表达的内容。
- **用正常的语速练习**。用正常的说话节奏练习你的演讲，就仿佛你正在一个真实的观众面前发表演讲。在你希望观众笑的地方停顿久一点，这样你就会习惯在舞台上保持沉默了。
- **以双倍的速度练习**。以你正常演讲速度的两倍速度浏览完演讲 PPT。你应该用正常演讲所花费的一半时间来完成演讲。这样做会帮助你在脑海中巩固演讲 PPT 的结构。
- **以一半的演讲速度练习**。刻意放慢到你的正常演讲速度的一半。这可能会让你感觉不舒服，但是会非常有助于你将演讲内化。
- **内心练习**。除了大声练习之外，内心练习也很重要。心里想一遍你要演讲的内容以及演讲的方式。

- **分块练习**。如果演讲内容太多不能一次练习完，就分段练习。早上练习开场白；下午练习中间几段；晚上练习结尾。通过分块练习，你同样能将演讲的所有部分内化。

- **在一个现场观众面前练习**。和你的朋友、家人晚上组织一次彩排。邀请你的朋友观看你的现场演讲。这会帮助你习惯在有人看着你的时候演讲，同时也会让你判断观众的反应——他们在你期待他们笑的地方笑了吗？他们理解了你演讲的内容，还是看上去很困惑？

- **请你的朋友或者家人做一下反馈，让他们告诉你需要怎样改进**。告诉他们："我想知道哪些地方我可以做得更好。请至少给我指出一个可以改进的地方。"让人们匿名填写反馈表，在0到10之间给你打分（0代表糟糕，10代表完美）。

提前到场测试设备

提前到达会场，在舞台上练习发表演讲（如果可以的话）。这会让你在舞台上演讲时感到舒适，减少你面对观众发表演讲时的紧张感。检测所有设备，确保你的幻灯片可正常播放。

避免哪些情况

避免在饱腹状态下演讲，因为你的身体会将能量集中起来消化食物。演讲前两个小时禁食。不过，在演讲之前可以吃一块曲奇饼干或者一颗糖果来补充所需能量。同时，避免咖啡因，因为它会导致你演讲时口干舌燥。

在房间的四个角落里坐一下

在房间的四个角都坐一遍，感受一下从房间后面的位置看，你会是什么样子。确保你的 PPT 可以清楚地从房间后面的位置看到。

了解一下你的观众

与观众成员建立联系。尽可能多地与观众见面。这会帮你和他们建立起联系，甚至在你准备登台演讲之前。

设想

在演讲之前，独处一会。远离其他人，以便你可以专注于自己的演讲。想象你自己正在发表演讲，想象你自己精彩的开场和结尾，想象某些人的生活因为你的演讲产生了变化。

接受演讲不会十全十美

积极的想象有作用，但是它们也有一个弊端。如果把一切想象得很容易——你的演讲会完美无瑕并且不会出错，那么你就会给自己施加很多压力。当事情出错（错误会发生）时，你会过于慌乱和震惊，而不能很好地解决问题。接受你会犯一些错误和你说话时会结巴这种情况，而不是一味地追求完美。这会帮你去掉压力，更有趣的是，错误会使你的演讲变得更真实、更有影响力。

> **小贴士**
>
> » 用 PPT 练习演讲；
> » 提前到场测试设备；
> » 在房间的四个角落里坐一下；
> » 了解一下你的观众；
> » 设想；
> » 接受演讲不会十全十美。

第 14 章

如何发表一场精彩的演讲

这本简短的指南已经向你展示了如何设计效果更好的 PPT，但是我认为，如果没有至少两个关于如何使用 PPT 去传达信息的字眼，这本指南是不完整的。

不要朗读 PPT 内容

我见过大多数演讲者常犯的一个错误是他们会逐字逐句地朗读他们的 PPT。如果你遵从这条建议——限制 PPT 上文字的数量，只保留关键字，保证你不会陷入朗读 PPT 的陷阱。

重申一遍，你不应该朗读你的 PPT。你应该解释每个观点，而不是简单地阅读 PPT 上的文字。可以通过案例和个人故事使你的演讲充满趣味。

请记住，观众是在座位上看着你，听你演讲，所以他们的注意力集中在你身上，而不是你的 PPT 上。你才是明星，而不是你的 PPT。

准备幻灯片之间的过渡语

许多演讲者犯的一个共同错误是，他们的幻灯片之间没有用过渡语衔接。换句话说，他们会演讲完一张幻灯片，然后停顿，点击下一张幻灯片，开始演讲。这全导致整个 PPT 缺乏连续性和流畅性。

在幻灯片之间设置过渡语是赋予 PPT 连续性和流畅性的一种很好的方式。是的，这要求你要知道下一张幻灯片是什么，但是如果你提前练习了 PPT（你应该练习），这应该不成问题。幻灯片之间正确的过渡方法是使用过渡陈述语引出下一张幻灯片的概念。

让我来举个例子。假如，我正在发表一场关于全球温室效应的演讲。接下来,你会从我的 PPT 中看到两张示例幻灯片。

在幻灯片 1 中,我会解释全球变暖的负面效应。然后,在点击下一张幻灯片之前,我会说:"那么,我们有没有一些方法可以用来阻止全球变暖呢?"这是我的过渡陈述语,这句过渡陈述语引出了第二张幻灯片。

这样的话,我的演讲 PPT 看起来就不会脱节,而是有一定的连贯性和流畅度。

让情感流露出来

我注意到一种情况：借助 PPT 演讲的人在发表演讲时通常非常机械刻板。并不是所有的演讲者都这样，但是我见过的大多数演讲者真的都是这样的。

另一方面，不用 PPT 演讲的人在演讲时通常更有激情，也更有活力。这是为什么？可能是选择不用 PPT 演讲的人更擅长演讲，对自己在公共场合演讲的能力更有自信。

我也注意到，我不用 PPT 演讲时往往会比用 PPT 演讲时更有激情。

为什么？

我总结出一个道理：使用 PPT 演讲的演讲者激活了自己大脑中的逻辑分析部分，使得他们在发表演讲时表现得非常机械。

不用 PPT 演讲的演讲者不用思考一张幻灯片和下一张幻灯片之间的逻辑上的过渡，因此，他们可能会在演讲时更多地让自己的情感流露出来。

因此，发表有力的 TED 演讲必须做什么？

TED 演讲不是机械地背诵观点，而是一个与全世界分享你的信息和情感的机会。你会获得 18 分钟的时间与全世界分享你的观点。

即使你使用 PPT，这也并不意味着你的演讲一定是机械的。在演讲过程中，让你的情感和激情流露出来。你要对自己分享的内容充满激情。你应该关注你的观众，而不是你的幻灯片。让你对话题的热情感染观众。当你对自己正在分享的内容充满激情和感到兴奋时，观众也会有同样的感受。

忘却自己

我曾为写自己的博客采访过公共演讲冠军丽萨·芭娜雷萝（Lisa Panarello），采访中我问道："你学到的最重要的公共演讲建议是什么？"她回答道："忘记自己。"

忘记自己是什么意思？意思是停止关注你的外表和你的声音。不要关注你的穿着打扮、你的声音以及你的PPT是什么样的。

相反，将注意力100%集中在观众身上。专注于你与他们分享的信息；专注于你传达这些信息的原因；专注于你想要在观众中创造的改变。

当你忘记自己以及你的幻灯片时，你会发现自己的紧张感会消失。你会感觉充满信心，而不会有自我意识，因为你关注的是观众，而不是你自己。

当你将注意力集中在观众身上时，你会与观众建立起一种牢固的联系，并且会发表一场有影响力的生动的演讲。

小贴士

» 不要朗读你的 PPT。

» 提供幻灯片之间的过渡语。

» 让你的情感流露出来。

» 忘却自己。

第15章

如何制作 TED 水准的 PPT

你已经看过世界上一些最好的演讲者的 PPT，并对其进行了分析。你学习了如何制作效果好的、视觉上吸引人的 PPT，帮你为信息注入生命力。这本迷你型书中包含了多种工具，当你开始制作下一张演讲 PPT 版面时，这一章内容将非常有用。

下面这张清单中列出了这本书中包含的所有演讲 PPT 设计工具。我建议你几周之后回过头来读一读这个清单，以便唤起你的记忆。

1. 以你的核心信息开始。
2. 制作以观众为中心的演讲 PPT。

3. 抵制立刻制作 PPT 的诱惑。相反，将观点抄写到纸上来使你的想法和观点清晰起来。

4. 限制 PPT 上文字的数量。记住，你的目的是要制作一个视觉上吸引人的 PPT，而不是一个 PPT 文本。

5. 确保每张幻灯片只包含一个观点。

6. 根据需要使用 PPT。没有规则规定你需要限制演讲 PPT 中幻灯片的数量。

7. 遵循赛斯·高汀的演讲公式。用大尺寸图片或者少量文字填充你的 PPT 或者不填文字。

8. 问问你自己这个观点该如何通过视觉方式呈现。

9. 使用在观众中引起情绪反应的图片。

10. 使用从质量存储照片网站上下载的高清数码照片。或者，如果你是一位摄影师，使用你自己拍摄的高清照片。

11. 全出血图片。使用视觉上令人震撼的图片填满整张幻灯片。

12. 把你的每张幻灯片当作广告牌。每张幻灯片上的主要信息应该让观众在三秒钟内清楚地看到。

13. 遵循第三条规则制作更加有趣的 PPT。

14. 避免陈旧的图片。寻找新鲜、独特的方法可视化你的观点。

15. 学会欣赏留白。

16. 使用大尺寸、有趣的字体使你的 PPT 在视觉上能够吸引人。

17. 选择和信息相匹配的字体。

18. 坚持最多使用两种字体。

19. 设计要考虑到坐在房间后面位置的人。

20. 通过变化字体尺寸来创造刺激。

21. 注意对齐。

22. 用旋转文字实验。

23. 确保图片和文字之间对比鲜明。

24. 在图片的非嘈杂区上方添加文字。

25. 如果你有一张非常花哨的图片，就使用半透明的文本框使你的文字清晰可读。

26. 确保整个演讲中的字体、图片和视觉元素前后统一。

27. 使用合适的表格呈现数据。

28. 清楚地标注图表。

29. 如果有必要，将创作的内容并入图表中。

30. 准备每张幻灯片之间的过渡语。

31. 当发表演讲时，不要将 PPT 内容读出来。要充满能量和热情地去演讲。让你的情感流露出来。忘却自我，将注意力集中在观众身上。

图书在版编目（CIP）数据

打动人心的演讲：如何设计 TED 水准的演讲 PPT /（美）阿卡什·卡利亚（Akash P. Karia）著；朝夕译 . — 北京：中国人民大学出版社，2019.6

书名原文：How to Design TED-Worthy Presentation Slides：Presentation Design Principles from the Best TED Talks

ISBN 978-7-300-26933-7

Ⅰ . ①打… Ⅱ . ①阿… ②朝… Ⅲ . ①图形软件 Ⅳ . ① TP391.412

中国版本图书馆 CIP 数据核字（2019）第 080229 号

打动人心的演讲：如何设计 TED 水准的演讲 PPT
[美] 阿卡什·卡利亚　著
朝夕　译

Dadong Renxin De Yanjiang：Ruhe Sheji TED Shuizhun De Yanjiang PPT

出版发行	中国人民大学出版社		
社　　址	北京中关村大街 31 号	**邮政编码**	100080
电　　话	010-62511242（总编室）		010-62511770（质管部）
	010-82501766（邮购部）		010-62514148（门市部）
	010-62515195（发行公司）		010-62515275（盗版举报）
网　　址	http：//www.crup.com.cn		
经　　销	新华书店		
印　　刷	天津中印联印务有限公司		
规　　格	148mm×210mm　32 开本	**版　　次**	2019 年 6 月第 1 版
印　　张	6　插页 1	**印　　次**	2019 年 6 月第 1 次印刷
字　　数	88 000	**定　　价**	49.00 元

北京阅想时代文化发展有限责任公司为中国人民大学出版社有限公司下属的商业新知事业部，致力于经管类优秀出版物（外版书为主）的策划及出版，主要涉及经济管理、金融、投资理财、心理学、成功励志、生活等出版领域，下设"阅想·商业""阅想·财富""阅想·新知""阅想·心理""阅想·生活"以及"阅想·人文"等多条产品线。致力于为国内商业人士提供涵盖先进、前沿的管理理念和思想的专业类图书和趋势类图书，同时也为满足商业人士的内心诉求，打造一系列提倡心理和生活健康的心理学图书和生活管理类图书。

《博恩·崔西口才圣经：如何在任何场合说服任何人》

- 美国首屈一指的商业演说家博恩·崔西持续畅销经典之作。
- 如何说话是一门很重要的学问，每一次说话都是推销；坦然自信的表达能力、富有魅力的口才技巧能助你抓住潜在的成功机会，让你在职业发展的阶梯上攀升更快。

《学会辩论：让你的观点站得住脚》

- 逻辑思维精品推荐。
- 无论是成功地进行口头或书面争辩，还是无懈可击地阐述自己的观点，并让他人心悦诚服地接受，背后都有严密的逻辑和科学方法做支撑。
- 只有掌握了本书所讲述的重要的辩论技巧和明智的劝服策略，才能不被他人的观点带跑、带偏，立足自我观点，妙笔生花、口吐莲花！

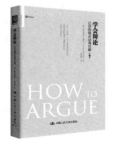